Nina Grosser

Viktoria Körner

Der Diabetikerwarnhund

Das Praxishandbuch zur Ausbildung

Konrad-Zuse-Straße 3, D-54552 Nerdlen/Daun
Telefon: 06592 957389-0
Telefax: 06592 957389-20
www.kynos-verlag.de

Grafik & Layout: Kynos Verlag
Gedruckt in Lettland

ISBN 978-3-95464-026-3

Bildnachweis: Siehe Seite 188

Inhaltsverzeichnis

Vorwort von Dr. Rainer Ehmann

Zahlreiche Lebewesen, darunter Säugetiere, Fische und Insekten, besitzen für uns Menschen ganz erstaunliche Fähigkeiten der Geruchswahrnehmung. Aale können eine Glasfüllung eines Geruchsstoffes im Bodensee riechen und ansteuern, Fliegen werden inzwischen zur Trüffelsuche, Hummeln zur Detektion von Waldbränden verwandt und Hunde können Gerüche in Konzentrationen wahrnehmen, die eine Million mal schwächer sind als die von einem Menschen erkannten Duftstoffkonzentrationen.

Dass Hunde mit ihren außergewöhnlich hoch entwickelten Möglichkeiten der Geruchserkennung Menschen in entscheidender, zuweilen lebensrettender Weise unterstützen können, ist nicht neu. Sie werden als Suchhunde für Vermisste, als Sprengstoffhunde oder als Lawinenhunde eingesetzt und sind dort in Geschwindigkeit und Sucherfolg der technischen „Konkurrenz" meist überlegen.

Auch in der Medizingeschichte finden sich – bereits in der traditionellen chinesischen Medizin vor rund 2000 Jahren – immer wieder Berichte über eine Unterstützung durch Hunde in der medizinischen Diagnostik. Ein historischer Bericht zur Tuberkuloseerkennung durch einen Hund sowie inzwischen erfolgte wissenschaftliche Untersuchungen führten mich seinerzeit zur Gründung einer Arbeitsgruppe, die Hunde bezüglich ihrer Fähigkeiten zur Diagnostik von Lungenkrebserkrankungen untersuchen sollte. Nach einigen Rückschlägen, die uns zeigten, wie methodisch anspruchsvoll das Training der Hunde erfolgen muss, um Fehlverknüpfungen und Falschanzeigen zu vermeiden, waren wir verblüfft über die zunehmend hohe Trefferquote und insbesondere die hohe Genauigkeit der Hunde, die mit medizinischen Geräten oft nicht erzielt werden kann.

Als naturwissenschaftlich denkender Arzt bin ich der Überzeugung, dass sich eine tiergestützte medizinische Diagnostik wissenschaftlichen Kriterien stellen und sich an ihnen messen lassen muss. Andererseits sollte sich auch die medizinische Wissenschaft der Faszination biologischer

Geruchserkennung öffnen, wenn uns dies in unserer technikfokussierten Zeit auch reichlich schwer fällt.

Dazu bedarf es interdisziplinärer Strukturen und einer gemeinsamen Kommunikations- und Arbeitsebene zwischen medizinischer Wissenschaft und spezialisierten Tiertrainern.

Dies ist eine lohnende Herausforderung, und nicht zuletzt erzeugt sie großen Respekt vor den faszinierenden Fertigkeiten anderer Lebewesen als Errungenschaft einer Jahrmillionen alten Evolution.

Den Autorinnen diese Handbuchs ist diese Verbindung vorbildlich gelungen. Zudem kombiniert ihr Arbeitsgebiet gleich zwei besondere „Hundestärken“: die geruchliche Detektion von Blutzuckerentgleisungen sowie die Funktion des Hundes als Sozialpartner, Assistent und Freund in medizinischen und sozialen Belangen eines Menschen mit chronischem Handicap – kein technisches Messgerät kann dies bieten.

Dr. med. Rainer Ehmann
Ambulante Pneumologie Stuttgart, Forschungsbereich Tiernasen in der medizinischen Diagnostik

Vorwort von Walter Kinach

Haiti 2010 – Einsatz für das Urban Search and Rescue (U.S.A.R.-)Team unter einer eingestürzten Textilfabrik. Am Vortag wurden noch Stimmen und Klopfzeichen in den Trümmern vernommen. Das 22köpfige Rettungsteam mit fünf Hunden beginnt die Arbeit, ich gehe mit meiner Riesenschnauzerhündin „Aileen" in die Suche. Grob läuft sie erst die glatten, oben liegenden Trümmerflächen ab. Ich bremse sie im Tempo und lasse sie dadurch „feiner" suchen. Schon steckt sie den Kopf in eine Spalte, bellt kurz zweimal und kommt zu mir. Für mich ist die Aussage des Hundes klar: Die Person ist hier, aber sie ist bereits verstorben. Durch die lange Zeit der Ausbildung und die intensive Kommunikation mit dem Suchhund kann ich ihr Verhalten genau „lesen": Kein freudiges Bellen und Fordern, auch keine Gestik. Nur die Mitteilung an mich: „Hier ist etwas, aber nicht das Geübte und Geforderte." Das nächste Suchteam bestätigt die Aussage, ein paar Sekunden schnüffeln an der Fundstelle und das Tier zeigt den Ort und stellt eine „vom Hundeführer gelesene Diagnose". Ein Berge- und Rettungsteam braucht Stunden, um dies zu bestätigen.

Trümmerhunde wie meine Schnauzerhündin Aileen spüren nach Katastrophen eingeschlossene Personen unter meterhohen Schuttschichten auf. Ursprünglich wurden Hunde in der Lawinensuche eingesetzt, dann folgten Trümmer, die Flächensuche, Wasserortung. Personenspürhunde verfolgen das individuelle Geruchsbild eines Menschen über einen längeren Zeitraum und unter oft schwierigsten Umständen. Kurzum – die Einsatzmöglichkeiten unserer Hunde entwickeln sich derzeit rasant weiter.

Auch der Diensthundesektor findet immer neue, ausgefallene Bereiche für den Einsatz des Partners Hund: Brandmittelspürhunde, Bargeldspürhunde oder die Suche nach Produkten von artengeschützten Tieren im Zoll ... in der Vielzahl und Vielfältigkeit der Ausbildungssegmente ist das Ende der Fahnenstange noch lange nicht erreicht.

Und nun sind Sie an der Reihe: Aus einem Hund, früher der Wächter über Haus und Hof, soll nun ein Wächter über Ihre Gesundheit werden. Auch wenn Sie den Hund auf andere Gerüche trainieren als wir in der Rettungshundearbeit und statt eines Trümmerkegels ein gänzlich unterschiedliches Einsatzgebiet haben, eines verbindet unsere Arbeit:

Vertrauen, Kommunikation und Teamwork mit Ihrem Hund sind die Basis, auf der das Projekt gelingen kann. Lassen Sie sich auf den Hund ein, beschäftigen Sie sich mit seinem Ausdrucksverhalten, seinen Bedürfnissen und versuchen Sie, in die Welt einzutauchen, die Ihr Hund wahrnimmt. Sie werden lernen, dass Ihr Hund es im Zweifel besser weiß, wenn es um Gerüche geht. Wenn alles klappt, werden Sie wie ich mit einem Partner arbeiten dürfen, der zwar zu einer anderen Spezies gehört, mit dem Sie sich aber „blind" verstehen. Das wünsche ich Ihnen.

Bis dahin müssen Sie beide noch einen langen Weg zurücklegen. Dabei wünsche ich Ihnen Durchhaltevermögen, viel Erfolg und viel Spaß mit Ihrem Hund.

Walter Kinach

Vorsitzender Deutscher Rettungshundeverein DRV,
Referatsleiter – Internationaler Einsatz des
Deutschen Rettungshundevereins
Mehrfach geprüfter Suchhundeführer
in den Bereichen Flächensuche,
Trümmersuche und Wasserortung

Vorwort der Autoren

Viktoria Körner, Nina Grosser

Diabetes Mellitus in all seinen Formen gilt mittlerweile als die Jahrhundert-Epidemie. Im Jahr 2011 zählten bereits 7% der Weltbevölkerung, das heißt 366 Mio. Menschen als Diabetiker – Tendenz stark steigend. Das entspricht einer Bevölkerung, die viereinhalb Mal so groß ist wie die Einwohnerzahl in Deutschland. Allein in Deutschland leben laut Gesundheitsbericht Diabetes 2014 6 Millionen Menschen mit der Diagnose Diabetes Mellitus, 95% davon haben einen Typ-2 Diabetes.[1]

Glücklicherweise gibt es eine Vielzahl an medizinischen Hilfsmitteln, um mit dem Diabetes ein fast normales Leben führen zu können. Seit 2007 erobert nun auch der Diabetikerwarnhund als Hilfsmittel den europäischen Raum. Er zählt zu den Assistenzhunden. Potenziell gefährliche Schwankungen des Blutzuckerspiegels bei Diabetikern kann der Diabetikerwarnhund erkennen und in Folge seinem Besitzer durch ein erlerntes Verhalten anzeigen. Er unterstützt den Diabetiker in Extremsituationen oder optimiert im Alltag dessen Diabetesmanagement.

Auch wenn die Aufgabe zunächst einfach klingt, ist die Ausbildung zum Diabetikerwarnhund keine leichte. Nicht nur der Hund muss zu verstehen lernen, auch der Mensch muss den Hund verstehen lernen. Diabetikerwarnhunde arbeiten nicht auf Befehle – jede Entscheidung fällen sie selbstständig, sie befinden sich permanent im Stand-by-Modus, allzeit bereit und hochmotiviert.

Unser Buch wendet sich an einen recht heterogenen Leserkreis: Hundeausbilder und Diabetiker mit und ohne Hund. Hundetrainern fehlt oft das diabetologische Hintergrundwissen für eine fundierte Ausbildung. Diabetiker haben in den seltensten Fällen genug Ausbildungserfahrung, um ihren Hund eigenständig zu trainieren. Um sicherzugehen, dass wir bei diesem Unterfangen keine Lesergruppe deutlich über- oder unterfordern, haben wir bei der Auswahl der Korrekturleser großen Wert darauf gelegt, dass „alles dabei ist" – vom Diabetiker ohne jegliche Hundeerfahrung bis zum absoluten Hundeausbildungsprofi.

Wir haben das Buch in Modulform gestaltet. Jedes Modul enthält alle relevanten Informationen, die der Leser für dieses Thema benötigt. So werden Sie gelegentlich in unterschiedlichen Kapiteln auf sich ähnelnde Passagen stoßen.

1 Deutscher Gesundheitsbericht Diabetes 2014, Herausgeber diabetesDE – Deutsche Diabetes-Hilfe, 2014, Kirchheim + Co GmbH

Noch einige generelle Anmerkungen:

- Wir verzichten der besseren Lesbarkeit halber auf differenzierte Anreden wie z.B. „Diabetikerin“ und „Diabetiker“. Natürlich meinen wir immer diskriminierungsfrei beide Geschlechter.

- Weiterhin verzichten wir auf Formulierungen wie „Menschen mit Diabetes“, sondern sprechen, ohne den Menschen mit Diabetes über seine Erkrankung definieren oder diskreditieren zu wollen, einfach von Diabetikern.

- Aus Gründen der Lesbarkeit verzichten wir zudem darauf, die Blutzuckerwerte gleichzeitig in mg/dl und in mmol/l anzugeben. Umrechnungstabellen finden Sie im Anhang. Ebenso ersetzen wir oft die Wörter Hypo- und Hyperglykämie durch Unter-und Überzucker.

- Unser Diabetikerwarnhund „Tippolinus“ wird Ihnen die wichtigsten Kernaussagen in einem Kästchen zusammenfassen.

- Wir haben in unserem Buch eine Vielzahl von Fallbeispielen aufgeführt. Natürlich kann nicht jede Situation dargestellt werden. Jeder Hund ist anders und jeder Mensch auch. Zögern Sie nicht, auch einmal Varianten selbst auszuprobieren, beobachten Sie Ihren Hund genau und hören Sie ruhig auf Ihr Bauchgefühl.

- Lernen Sie, Ihrem Hund zu vertrauen. Es wird immer wieder kleinere und größere Rückschläge während des Trainings geben. Das ist ganz normal. Vertrauen Sie dennoch Ihrem Hund, geben Sie sich und ihm Zeit. Manchmal muss man auch zwei Schritte zurückgehen, um einen voranzukommen. Seien Sie mutig.

Nina Grosser
www.hundenatur.de

Viktoria Körner
www.difa-institut.de

Über die Autoren

Nina Grosser ist verantwortlich für die Ausbildungsleitung des deutschlandweit im Servicehundebereich operienden Anbieters „Hundenatur - Hunde fürs Leben“ und bildet Warn- und Assistenzhunde aus.

Viktoria Körner ist Leiterin des Deutschen Instituts für Assistenzhunde (DIfA-Institut), welches sich mit der Interaktionen zwischen Assistenznehmer und Hund und dem daraus resultierenden Nutzen beschäftigt. Im Diabetesmanagement ihres jüngsten Sohnes wird sie von ihrer Labradorhündin unterstützt.

Der Diabetikerwarnhund

Was ist ein Diabetikerwarnhund?

Seit Jahrtausenden werden Hunde erfolgreich zur Unterstützung des Menschen eingesetzt. Vor allem als Hüte-, Jagd- und Wachhunde erlangten sie eine immer größere Bedeutung im Zusammenleben mit dem Menschen. Aber erst Ende des 14. Jahrhunderts wurde ein Hinweis darauf gegeben, dass Hunde auch als Begleiter für Blinde eingesetzt wurden. So heißt es in der spätmittelalterlichen Straßburger Bettelordnung von 1464 bis 1506: „Es soll in Zukunft kein Bettler einen Hund haben oder aufziehen, es sei denn, er wäre blind und brauchte ihn."[2]

Bis zur heutigen Zeit haben sich diese mittlerweile speziell ausgebildeten Hunde einen festen Platz in unserer Gesellschaft erobert. Wir fassen sie heute unter dem Begriff der Assistenzhunde zusammen. Darunter zählen in ihrer bekanntesten Form Blindenführhunde, Signalhunde (Gehörlosenhunde), Servicehunde und sogenannte medizinische Signalhunde für Epileptiker und Diabetiker. Sie alle unterstützen ihren Assistenznehmer im Alltag und werden speziell auf dessen Bedürfnisse ausgebildet. Sie führen, warnen, geben Hilfeleistungen und ersetzen somit Menschen mit körperlichen oder geistigen Einschränkungen deren ausgefallene oder fehlende Sinnes und/oder Körperfunktionen bestmöglich.

Bis heute ist der einzig anerkannte Assistenzhund der Blindenführhund. Dies mag auch der Grund dafür sein, dass der Diabetikerwarnhund bisher keine offizielle, allgemeingültige Bezeichnung hat. In der Literatur wird er oft auch als Diabeteswarnhund, Diabetesspürhund, Hypohund, Dia Dog, Zuckerhund und Ähnliches geführt. Wir als Autoren betiteln ihn als

2 1464 bis 1506. Straßburger Bettelordnung in: Winckelmann, Otto: Das Fürsorgewesen der Stadt Straßburg vor und nach der Reformation bis zum Ausgang des sechzehnten Jahrhunderts; ein Beitrag zur deutschen Kultur- und Wirtschaftsgeschichte, Teil 2. New York; London 1971 (repr. d. Ausgabe Leipzig 1922), S. 84ff.

Dieser Diabetikerwarnhund zeigt durch Kratzen an.

Diabetikerwarnhund, da diese Bezeichnung unserer Meinung nach seiner Bestimmung am Nächsten kommt.

Was genau nun ist seine Aufgabe, wie kann er seinen Diabetiker unterstützen?

Der Diabetikerwarnhund ist in der Lage, Schwankungen des Blutzuckerspiegels des Diabetikers zu erkennen. Entsprechend ausgebildet zeigt er diese Veränderungen durch ein antrainiertes Verhalten an. Somit kann er vor einer Hypo- und/oder auch Hyperglykämie (Unter- und/oder Überzucker) rechtzeitig warnen.

Im Kern geht es genau um diese Fähigkeit, um diese Gabe des Hundes, die wir uns zu Nutze machen. Natürlich gibt es darüber hinaus eine Vielzahl weiterer Einsatzmöglichkeiten, die in den folgenden Kapiteln entsprechend der Assistenznehmer erläutert werden.

Vor etwa siebzig Jahren wurde erstmals davon berichtet, dass nicht nur einige Hunde, sondern auch Katzen sich vor oder während einer Hypoglykämie ihrem Besitzer gegenüber anders, zum Teil eigenartig, verhielten. Dafür gibt es eine relativ simple Erklärung: Zu dieser Zeit, 1922, entdeckten Frederik Banting und Charles H. Best in Toronto das Hormon Insulin.[3]

Diabetiker hatten von nun an trotz ihrer Erkrankung eine reelle Chance, eine nahezu gleiche Lebenserwartung zu erhalten wie Gesunde. Das tierische Phänomen konnte natürlich nun auch erst zum Tragen kommen, da Diabetiker und Haustier erstmals über einen längeren Zeitraum zusammenleben konnten. Ein Zeitraum, in dem sich bestimmte Verhaltensmuster manifestieren können. Dreißig Jahre später etwa, in den 1970er Jahren, wurde dieses individuelle Verhalten von Hunden professionell untermauert und eine feste Anzeige antrainiert. Dies geschah zunächst in Amerika, seit Anfang 2000 auch in Europa. Eine dem Hund angeborene Fähigkeit, nämlich eine dem Menschen überlegene Sinneswahrnehmung, machen wir uns somit zu Nutze; wir konditionieren lediglich den Zeitpunkt und das Anzeigeverhalten als Kommunikator.

Die Entdecker des Insulins: Frederik Banting und Charles Herbert Best.

3 *Insulin, Der Kampf um eine Entdeckung,* Charles Wassermann, Bertelsmann Verlag Gütersloh, 1980

Welchen Nutzen kann ein erwachsener Diabetiker daraus ziehen?

Ein Großteil der erwachsenen Diabetiker kommt hervorragend mit der Erkrankung zurecht. Die heutige medizinische Versorgung erlaubt ein nahezu normales Leben. Die zusätzliche Anschaffung eines Diabetikerwarnhundes wird in den meisten Fällen nicht unbedingt nötig sein. Dennoch gibt es Ausnahmen oder außergewöhnliche Umstände, die den sinnvollen Einsatz des Hundes durchaus rechtfertigen.

Als oberstes Gebot gilt hier: Der Diabetikerwarnhund ersetzt keine Blutzuckermessung oder Selbstwahrnehmung. Er stellt keinen Schutz dar, noch übernimmt er Verantwortung. Der Hund gibt lediglich einen Hinweis, er dient als zusätzlich kombinierbares Hilfsmittel.

Grundfunktion – drohender oder akuter Notfall

Durch die Fähigkeit des Diabetikerwarnhundes, Unter- und Überzucker zu erkennen und anzuzeigen, kann er in erster Linie dazu eingesetzt werden, Notfälle zu vermeiden. Das frühzeitige Anzeigen ermöglicht es dem Diabetiker, entsprechende Maßnahmen zu ergreifen, wie etwa Kohlenhydrate zu sich zu nehmen oder die Insulinmenge zu erhöhen. Ist der Notfall bereits eingetreten, kann der Hund entsprechend agieren und Hilfe holen.

In der Praxis zeigt sich, dass gerade bei Erwachsenen diese Grundfunktion vornehmlich der wichtigste Entscheidungsgrund für einen Diabetikerwarnhund ist. Hypowahrnehmungsstörungen, also Störungen einer Selbstwahrnehmung bei Unterzuckerungen, die schon immer oder erst im Laufe der Jahre entstanden sind, beeinträchtigen häufig erheblich die Lebensqualität des Erkrankten. Dies betrifft auch Diabetiker, die hervorragende Langzeitwerte vorweisen. Sie halten ihren Blutzuckerspiegel unter Umständen sehr nah am unteren Limit, der Organismus hat sich bereits an eine niedrig gehaltene Schwelle gewöhnt und nimmt Unterzuckerungen nicht mehr als diese wahr. Der Hund ist hierbei eine große Stütze und gibt ein Stückchen Sicherheit zurück. Und zwar nicht nur aktiv, sondern auch psychologisch. Für alleinlebende Diabetiker ist diese Hilfe noch wichtiger, gerade wenn bereits durch unglückliche Umstände der Notfall eingetreten ist. Der Hund kann bei Verwirrung schnellwirksame Kohlenhydrate bringen, bei Desorientierung den Diabetiker in ein gewohntes Umfeld bringen oder bei Bewusstlosigkeit als SOS-Verweiser oder über einen Notfallknopf externe Hilfe holen, egal ob tagsüber oder nachts.

Erwachsene, die viel Sport treiben und dadurch größeren Blutzuckerschwankungen ausgesetzt sind, begleitet der Hund ebenso zuverlässig wie Menschen, die beispielsweise auf Grund ihrer Arbeit mit erhöhtem Druck oder Stress zu rechnen haben.

Eine drohende Unterzuckerung kann trotz großer Technologiefortschritte bis heute lediglich durch drei Möglichkeiten rechtzeitig erkannt werden: der Selbstwahrnehmung, einem sogenannten CGM (kontinuierlicher Glukosesensor) und dem Diabetikerwarnhund.

Zusammenfassend gibt der Hund in seiner Grundfunktion dort Hilfe, wo es einen Notfall zu vermeiden gilt oder ihn, falls er schon eingetreten ist, zu melden.

Erweiterte Funktion – Prävention von Folge- und Begleiterkrankungen

Nicht jeder Diabetiker ist von oben genannten Extremsituationen betroffen, dennoch hilft der Warnhund auch außerhalb von Notfällen. Leider wird dieser Punkt viel zu wenig hervorgehoben, vielleicht, weil er medial keine so große Wirkung erzeugt.

Allerdings ist unseres Erachtens diese erweiterte Funktion eines Diabetikerwarnhundes, nämlich als Hilfsmittel in der Prävention von Folgeschäden, mindestens ebenso wichtig, wenn nicht sogar noch wichtiger: Der Mensch mit Diabetesdiagnose wird mobilisiert, durch seinen Hund motiviert und hat im Handumdrehen einen neuen Bekanntenkreis aus anderen Hundehaltern. Der Alltag bekommt Struktur und Regelmäßigkeit. Da der Diabetiker nun bei jedem Wetter draußen anzutreffen ist, wird sein Immunsystem gestärkt, die ausgedehnten Spaziergänge wirken sich positiv auf das Herzkreislaufsystem aus.

In Zahlen und Fakten kann der Nutzen eines Diabetikerwarnhundes leider bislang nicht dargestellt werden. Zum einen existieren zu diesem Thema keinerlei Forschungsarbeiten, zum anderen ist sein Einsatz bisher ein noch recht junges Feld. Laut der Gesundheitsberichterstattung des Robert Koch Instituts von 2009 gehen Schätzungen davon aus, dass knapp 7% der deutschen Bevölkerung wegen einer Zuckerkrankheit (Anm. d. Autoren: Typ 1 und 2) behandelt wurden, dies entspricht 5,7 Millionen Menschen.

„Diabetes führt durch ein erhöhtes Risiko für Herz-Kreislaufereignisse häufig zu Folge- und Begleiterkrankungen und ist nicht selten mit schwerwiegenden Einschränkungen wie Erblindung, Dialysepflichtigkeit oder sogar Amputationen verbunden. Da die Krankheitskostenrechnung infolge der Datenlage überwiegend einen Hauptdiagnoseansatz verwendet, ist davon auszugehen, dass die festgestellten Kosten – gerade für Diabetes eine Untergrenze ... angeben“[4] Die Krankheitskosten in 2006 allein für Deutschland werden mit ca. 5,6 Milliarden Euro pro Jahr beziffert, eine nicht ganz unerhebliche Zahl.

Studien haben des Weiteren ergeben, dass eine frühzeitige und effektive Behandlung des Diabetes Mellitus Spät- und Folgeschäden verringern kann. Allerdings ist die Effektivität der Therapie leider nicht immer so gut wie erhofft. Ziel ist es, durch Aufklärung, intensivere Therapiebegleitung und verbesserte Versorgung Schäden zu verringern, die durch den Diabetes verursacht werden. „Ein wichtiger Einflussfaktor für die Entstehung von Spätschäden, ist die Güte der Blutzuckereinstellung,“ so der Bericht des Robert Koch Instituts.[5]

Hierbei wird der Nutzen des Diabetikerwarnhundes besonders ersichtlich: Der Hund meldet nicht nur bevorstehende Notfälle, sondern nahezu jede drohende Unter- oder Überzuckerung. Das bedeutet: Wenn er entsprechend trainiert ist, hilft er dem Diabetiker, dessen Blutzuckerspiegel in einem festgelegten Rahmen zu halten. Insulinpflichtige Therapien können somit besser auf ihren Zielwert abgestimmt werden. Wir nutzen den Hund als zusätzliches Hilfsmittel zur Prävention von Folge- und Begleiterkrankungen.

4 Herausgeber Robert Koch Institut, Berlin 2009, Gesundheitsberichterstattung des Bundes, Heft 48, Krankheitskosten, S. 14

5 Herausgeber Robert Koch Institut, Berlin 2005, Gesundheitsberichterstattung des Bundes, Heft 24, Diabetes Mellitus, S. 14

Die Praxis zeigt auch hier, dass der Einsatz des Hundes nicht entdeckte kleinere Unter- oder Überzuckerungen im Alltag erkennt. Die Ursachenforschung ist dann Aufgabe des Diabetikers. Nicht selten liegen solche Schwankungen an einer zu optimierenden Einstellung, einer abgeänderten Zwischenmahlzeit, einem zeitlich versetzten Spritz-Essabstand oder Ähnlichem. Gerade bei Pumpenträgern, die die Insulingabe ihrem Tagesablauf noch exakter anpassen können, ist der Diabetikerwarnhund bei der Einstellung eine große Unterstützung.

Erwachsene Diabetiker neigen phasenweise dazu, ihren Diabetes etwas schleifen zu lassen, gerade, wenn sie schon lange mit der Erkrankung ihren Alltag bestreiten. In der Folge ergeben sich oft zu hohe Blutzuckerlangzeitwerte, die wiederum große Verursacher von Folgeschäden sind. Der Hund hingegen kann in solchen Situationen als Motivator für die Optimierung des Diabetesmanagement dienen. Auch wenn der Hund ausgebildet ist, muss immer wieder trainiert werden. Der Diabetiker kann zwar sich selbst „beschummeln", möchte er jedoch mit seinem Hund üben, muss er die Werte genau erfassen. Zudem lässt sich der Hund keinen Überzucker entgehen. Er wird jeden zu hohen Wert gnadenlos anzeigen, denn genau dazu ist er ausgebildet worden.

Zusammenfassung der Argumente pro Hund:
- *Anzeigen von Über- und Unterzuckerung*
- *Hilfsmittel zur Prävention von Folge- und Begleiterkrankungen*
- *Motivator für Optimierung des Diabetesmanagements*

Erfahrungsbericht von Oliver J.: Diabetes – Freund oder Feind?

„Als meine Ärztin nach jahrelangem grenzwertigen Diabetestest zu mir kam und mitteilte, dass ich von nun an auch zu den insulinpflichtigen Diabetikern Typus spezial gehöre, sagte ich mir, ok, was solls, dann machen wir das eben auch noch. Auch mit 27 kann man sich mal überschätzen und ich wurde ganz schnell auf den Boden der Tatsachen zurückgeholt. Häufige, für mich spontane Unterzuckerungen, egal wo man ist. Ob auf Amrum, ganz vorne am Meer, minutenlang weg von jeglicher Hilfe, beim Sport, einfach beim Schlafen oder auf Arbeit während eines Meetings. Von da an hatte ich

neue Freunde, die mich ständig begleiten. Sie heißen Traubenzucker bzw. Traubensaft und Müsliriegel. Messgerät und Insulinpen waren ja eh schon mit unterwegs. Es schlich sich aber noch ein weiterer Begleiter ein, er hieß Unterzuckerungsangst.

Ein Diabetologe meinte zu mir, ich soll mir nicht so viele Sorgen machen, mein Körper würde mich schon nicht umbringen und versuchen alles Nötige gegen den Unterzucker zu unternehmen. Tja, da bin ich mir bei meinem Körper nicht so sicher. Es muss noch eine bessere Lösung geben und deshalb befragte ich das geballte Wissen der Menschheit und was soll ich sagen, das Internet hatte mögliche Lösungen. Eine davon hieß Diabetikerwarnhund.

Ein Hund, der mich vor Diabetikern warnt? Klar, wer kennt das Völkchen nicht, sie stellen einem Fragen, wie: „Hast du mal ein Stück Traubenzucker oder wenigstens eine Cola?" oder verwechsle ich da was?

Von da an informierte ich mich ausführlich, um Licht ins Dunkel zu bringen. Ich las Bücher und Internetartikel über die Arbeit eines Diabetikerwarnhundes. Zusammen mit meiner Frau beschloss ich nach wochenlangem Nachdenken, dass wir auch einen solchen Diabetikerwarnhund an meiner Seite haben wollten. Die Ausbildung würden wir selbst machen. Das Universum fügte die nötigen Puzzleteile zusammen. Wir fanden eine sehr engagierte Züchterin, die uns mit ihrer Zucht eine tolle kleine Labihündin zauberte. Und wie durch ein Wunder folgte über die Züchterin der Kontakt zu einer Hundetrainerin, die uns von nun an ausbildet. Unsere Labihündin Asha (was indianisch ist und eine wichtige Bedeutung für uns hat, befragt auch mal das geballte Wissen der Menschheit) soll es mir ermöglichen, wieder ein annähernd „normales" Leben zu führen. Ohne Unterzuckerungsangst und mit neuem Selbstvertrauen.

Oliver J. mit Asha freuen sich auf die Ausbildung.

Das Leben ist einfach zu kurz, um sich ständig über seine Feinde oder Freunde Sorgen machen zu müssen.

Wie profitieren Kinder und Jugendliche?

Bei Kindern und Jugendlichen mit Diabetes Mellitus geht man in der Mehrzahl von einem Typ-1-Diabetes aus. Laut dem Deutschen Gesundheitsbericht Diabetes 2014 sind derzeit schätzungsweise 30.500 Kinder und Jugendliche betroffen. Ein Kind von 670 ist an Typ1-Diabetes erkrankt, somit zählt dieser zu den häufigsten Stoffwechselerkrankungen bei Kindern und Jugendlichen. „In NRW nahm die Inzidenz des Typ-1-Diabetes im Alter unter 14 Jahren im Vergleich der Zeiträume 1996 bis 2002 und 2003 bis 2010 um 28 Prozent zu.“[6] „Basierend auf den Daten der deutschen pädiatrischen Diabetologie verbreiteten DPV kann eingeschätzt werden, dass die Stoffwechseleinstellung von Kindern und Jugendlichen mit Typ-1-Diabetes insbesondere in der Pubertät unbefriedigend ist, ..., eine Beobachtung, die allerdings auch in den meisten anderen europäischen Ländern gemacht wurde.“[7]

(Klein)-Kinder und Diabetikerwarnhund

Gerade bei jüngeren Kindern liegt die Hauptverantwortung für die optimale Insulintherapie bei deren Eltern. Doch selbst wenn diese bestens geschult und hochmotiviert sind, stehen sie dennoch vor einer enormen Herausforderung. Diabetes im kindlichen Alter kann einer Achterbahnfahrt mit vielen unbekannten Streckenabschnitten und ungeahnten Kurven gleichen. Kinder, vor allem Kleinkinder, haben eine recht eingeschränkte Hypowahrnehmung. Und sollte sie bereits etwas ausgeprägter sein, können sie durch Ablenkung vergessen, ihren gefühlten Zustand zu kommunizieren. Daneben steht zusätzlich eine Vielzahl von Faktoren, die permanent auf den Blutzucker einwirken und ihn in unberechenbare Bahnen lenken. Angefangen bei Infekten, plötzlichem Bewegungsdrang, Wachstumsschübe, Wutausbrüche, unberechenbare Hungerattacken, um nur einige zu nennen. Viele Schwankungen sind auch gar nicht zu erklären. Ab dem Schulalter geht das tägliche Diabetesmanagement in der Regel mehr und mehr in die Verantwortung des Kindes über. Meist kann es dann recht unproblematisch und zunehmend selbstständiger mit der Erkrankung umgehen, auch wenn es teilweise unter den Einschränkungen leidet, die Blutzuckerkontrollen und die kontrollierte Nahrungsaufnahme auferlegen.

6 Deutscher Gesundheitsbericht Diabetes 2014, Herausgeber diabetesDE – Deutsche Diabetes-Hilfe, 2014, Kirchheim + Co GmbH, S.12 und 127

7 Gesundheitsberichterstattung des Bundes, Robert Koch Institut in Zusammenarbeit mit dem statistischen Bundesamt, Berlin, März 2005, Heft 24 Diabetes Mellitus, S. 25

Als oberstes Gebot gilt auch hier: Der Diabetikerwarnhund ersetzt keine Blutzuckermessung oder Selbstwahrnehmung. Er stellt keinen Schutz dar, noch übernimmt er Verantwortung. Der Hund gibt lediglich einen Hinweis, er dient als zusätzlich kombinierbares Hilfsmittel.

Als Begleiter eines Kindes wird er zum Glück so gut wie nie die Chance haben, tatsächlich als Lebensretter zu fungieren. Kinder befinden sich allein altersbedingt die meiste Zeit unter Aufsicht, zu Hause, im Kindergarten und in der Schule. Geht es ihnen nicht gut, gibt es in der Regel schnell Hilfe von Außenstehenden. Stellt sich die Frage: Wozu dann einen Hund?

Auch Kinder suchen ihre Freiräume, möchten einmal etwas ohne Eltern unternehmen. Sie gehen zum Fußball, zum Tennis, zu den Großeltern, zu Freunden etc. Manchmal kommen sie dabei in Situationen, in denen das Umfeld nicht geschult ist und verständlicherweise auch etwas zögerlich reagiert. Begleitet der Hund das Kind zu seinem Ausflug, können diese „Notfall"-Ängste abgebaut werden.

Tatsächlich können wir den Hund aber vor allem als Optimierer in der Insulintherapie einsetzen. Mit seiner Hilfe werden Blutzuckerschwankungen auch außerhalb der Routinemessungen aufgedeckt. Dies ist sehr hilfreich, solange das Kind noch nicht in der Lage ist, seine Wahrnehmung mitzuteilen. Frei dem Motto „Gefahr erkannt, Gefahr gebannt" werden bereits die Ansätze zur Unter- und Überzuckerung sichtbar gemacht. Früh genug kann nun entsprechend gegenreguliert werden.

Dies allein ist jedoch nur der halbe Weg zur Optimierung. Denn das Ziel ist ja nicht nur, den Blutzucker für den Moment wieder in den Zielbereich zu bekommen, sondern langfristig auch dort zu halten. Also heißt es in Folge, über genau diese Anzeigen des Hundes genau Buch zu führen, um mit dem Ergebnis die Therapie, sei es durch Basal- oder Bolusinsulins, entsprechend anzugleichen (siehe Kapitel 13 Materialsammlung). Dies sollte auf jeden Fall immer in Absprache und unter Mitwirken des behandelnden Diabetologen geschehen. Mit Hilfe des üblichen Blutzuckertagebuches und den notierten Anzeigen des Hundes kann der Arzt sich ein Urteil darüber bilden, wo eventuell die Insulineinstellung verändert werden muss.

Eltern, die sich mit der Idee der Anschaffung eines Diabetikerwarnhundes für ihr Kind beschäftigen, stellen zumeist als eine der ersten Fragen, ob der Hund auch nachts Unterzucker meldet. Gleich vorweg – natürlich kann er das, wenn er entsprechend ausgebildet ist. Die Sorge einer unbemerkten nächtlichen Unterzuckerung ist vor allem deshalb sehr gut nachvollziehbar, da Eltern über Jahre hinweg einer physischen und psychischen Dauerbelastung ausgesetzt sind, teilweise mit mehrmaligen nächtlichen Messungen. An einen ruhigen Schlaf mag manchmal nicht zu denken sein. Hierzu sei am Rande erwähnt, dass wir bis heute trotz intensiver Recherche nicht einen Fall finden konnten, in dem ein Kind durch nächtlichen Unterzucker sein Leben verloren hätte. Offensichtlich wachen die Kinder doch rechtzeitig auf bzw. eine Gegenregulation schützt das Leben vor dem Schlimmsten. Trotz allem besteht natürlich diese allzu berechtigte Sorge der Eltern, zumal es ja jede Unterzuckerung zu vermeiden gilt. Da auch ein Hund keine Maschine ist, würden wir dennoch niemals die Hand dafür ins Feuer legen, dass er tatsächlich auch immer hundertprozentig zuverlässig nachts meldet.

Stellen wir uns einen traumhaften Tag am Strand vor. Ihr Hund hat über Stunden am Meer den Möwen hinterher getobt und war viel schwimmen. Zu Hause nun sinkt er glücklich und erschöpft in einen tiefen, tiefen Schlaf. Es könnten schätzungsweise zehn gegrillte Hühnchen an ihm vorbeifliegen, er würde dies wohl nicht mehr merken. Nun geht Ihr Hund ja nicht jeden Tag an den Strand, dennoch wird es hoffentlich diese oder viele ähnliche aufregende Tage in dem Leben Ihres Hundes geben, die zur Folge haben, dass eine Zuverlässigkeit in der nächtlichen Anzeige nicht garantiert sein kann.

Erfahrungsbericht der Mutter eines Kleinkindes:

„Bei dem jüngsten unserer fünf Kinder, Emil, wurde Diabetes Typ 1 in einem Alter von zwei Jahren manifestiert. Weder seine Selbstwahrnehmung, noch seine Sprache sind so ausgeprägt, dass er sich bei Unwohlsein mitteilen kann. Bedingt durch sein Alter und natürlich einen sehr turbulenten Alltag ist seine Einstellung recht schwierig. Manche Tage laufen ganz gut, andere gleichen einer Achterbahn. Nach dem Warum zu fragen, ist müßig, da wir kein Leben mit exakt gleichem Tagesschema führen und auch bei so

vielen Personen im Haushalt niemals führen könnten. Zwar ist Emil nie alleine, immer befinden sich geschulte Personen um ihn herum, dennoch bekommt man als Außenstehender nicht jede Unter- oder Überzuckerung sofort mit. Dies war der Hauptgrund für uns, einen Diabetikerwarnhund in die Familie aufzunehmen. Der Wunsch nach einem Hund bestand sowieso schon lange, daher war dies die logische Konsequenz. Und es war auch die richtige. Nicht nur, dass unsere Hündin von allen heiß geliebt ist, Emil ist unglaublich stolz, dass gerade sie sein Hund ist. Tara warnt nicht nur bei Unter-, sondern auch bei Überzuckerung. Sie ist eine unglaubliche Hilfe und bedeutet für Emil einen enormen Zugewinn an Freiheit. Tobt er beispielsweise herum, muss er nun nicht jedes Mal aus dem Spiel gerissen werden, um sich messen zu lassen. Der Hund meldet zuverlässig und frühzeitig. Wie oft haben wir großen Trubel im Haus und keiner bemerkt Emils blasses Gesicht, selbst er nicht. Ein kurzes Bellen, lässt alle sofort innehalten und handeln. In den Kindergarten begleitet sie Emil bewusst nicht. Auch er muss lernen – gerade im Hinblick auf den späteren Schulbesuch, dass er sich anderen Menschen bei Unwohlsein mitteilt und diesen vertraut. Natürlich ist Tara kein Ersatz für das Messen, aber sie deckt doch ständig Blutzuckerveränderungen auf, die wir gar nicht oder erst einen Tick zu spät mitbekommen. Mittlerweile geht Emil bei Hungergefühl sogar schon selbstständig zu Tara, um sich „checken" zu lassen. Sein erster Weg zur Selbstwahrnehmung."

Emil mit Tara: Ein gutes Team.

Jugendliche und Diabetikerwarnhunde

In der Tat ist es schwierig, eine Leitlinie zu erstellen, für wen sich ein Hund eignet und für wen nicht.

Wir können nur Empfehlungen basierend auf persönlichen Erfahrungen aussprechen, möchten aber dennoch erreichen, dass gerade der Jugendliche und seine Eltern äußerst kritisch mit der Thematik umgehen. Grundsätzlich ist es immer anzuraten, den behandelnden Diabetologen in die Anschaffungs-Überlegung mit einzubeziehen. Jugendliche neigen während der Pubertät durch die hormonelle Umstellung zu extremen Blutzuckerschwanken. Es ist sicher eine der schwierigsten und auch frustriertesten Zeiten eines „normalen“ Diabetikers. Phasenweise scheinen alle eingespielten Regeln des Blutzuckers nicht mehr zu gelten. Auch die Aussicht auf Besserung nach Vollendung der Pubertät macht den Zustand natürlich nicht besser. Andererseits ist dies auch eine der sensibelsten Phasen, denn der Jugendliche wird zunehmend an den selbstständigen Umgang des Diabetes und dessen Selbstwahrnehmung herangeführt.

Ob die Arbeit des Hundes hierbei nicht eher kontraproduktiv ist, indem nämlich die Schulung der so wichtigen Selbstwahrnehmung gebremst wird, muss sehr individuell beurteilt werden. Zumindest sollten alle möglichen medizinischen Therapieformen ausgeschöpft sein, bevor der Hund ins Spiel kommt. Daher sollte dies wirklich mit dem behandelten Arzt besprochen werden. Ebenso sollte der ausgewählte Hundetrainer Erfahrung und ein Grundwissen über Diabetes im jugendlichen Alter vorweisen können. Nur eine ganzheitliche Betrachtung zwischen Assistenznehmer, Arzt und Trainer wird zu einem Erfolg führen.

Neben den grundsätzlichen Vorteilen des Hundes in der Optimierung und Motivation (siehe Kinder mit Diabetikerwarnhund) kann der Hund „therapiemüden“ Jugendlichen gegebenenfalls auch ein Türöffner sein, um sich wieder auf sich selbst einzulassen. Eigenwahrnehmung, Kommunikation, Rücksicht und Verantwortung rücken dabei spielerisch wieder in den Vordergrund. Vielleicht hat sich der Jugendliche schon immer einen Hund gewünscht? Schließen Sie einen Vertrag: Nur wenn der junge Diabetiker perfekt mitarbeitet, ist eine erfolgreiche Ausbildung des Hundes gewährleistet. Dazu gehört regelmäßiges Messen und ein bestmögliches

Diabetesmanagement. Sie können eine Probezeit vereinbaren – so hilft der Diabetikerwarnhund schon vor seinem Einzug, die Werte zu optimieren.

Während der Ausbildung wird der Jugendliche eine sehr enge Bindung zu seinem Hund aufbauen. Schließlich muss er Selbstständigkeit lernen und dazu gehört auch das Führen seines Hundes. Eltern sollten sich dennoch bewusst darüber sein, dass die Hauptlast der Versorgung des Hundes letztlich in ihren Händen liegt.

Erfahrungsbericht der Mutter von Max

„Vor fast genau einem Jahr lag mein Sohn Max (damals zehn Jahre) auf der Intensivstation mit der Diagnose Diabetes Typ 1. Durch eine Fehldiagnose einer Kinderärztin ein paar Stunden davor, ging es ihm so schlecht, dass es „kurz vor zwölf" bei ihm war (Zitat des Oberarztes). Das kann ich nicht vergessen und möchte es auch niemals! Das erinnert mich immer wieder daran, wie tückisch diese Krankheit ist. Dennoch: Die Frage, warum gerade er, stellt sich mir nicht. Das Leben geht seinen eigenen Weg, das zu hinterfragen, da würde man verrückt. Wir lassen uns nicht unterkriegen. Mein Sohn macht es mir vor! Er hat sich im Wesen kaum verändert, lebt einfach weiter mit der Krankheit und versteht es, damit umzugehen.

Diabetikerwarnhund Eggi: Während sein Assistenznehmer Max in der Schule ist, begleitet er die anderen Familienmitglieder zur Arbeit in die Innenstadt.

Kurz und gut, mein Traum war es schon immer, einen Hund zu haben. Da wir zufälligerweise in ein Häuschen gezogen waren, konnte ich also auch meinen „Antihundepartner" davon überzeugen, dass so ein Tier auf jeden Fall die Folgeschäden eines Diabetikers verringern kann. Denn das sind meine schlimmsten Ängste – die Folgeschäden. Sind wir doch mal ehrlich: Da spritzt er für vier BE drei Einheiten Insulin, das passt heute perfekt. Morgen befindet er sich bei derselben Justierung danach im Unterzucker und übermorgen dafür dann im Überzucker. Da hilft auch alles Abwiegen und Rechnen nichts. Max war anfangs gar nicht so begeistert über die Idee eines Hundes. Das war mir egal, denn ich weiß, was Tiere in Kindern bewegen und verändern können. So ist es tatsächlich auch gekommen. Unser Eggi ist mittlerweile ein nicht mehr wegzudenkendes Familienmitglied. Er bereichert in allen Lebenslagen. Für meine kleine Tochter ist er ein Spielkamerad, für meinen Partner der coole, entspannte Hund, für mich mein Weggefährte und Begleiter und für meinen Sohn ist er der Partner, der bald auf ihn achten wird. Max wird in seinem Fell die ersten Tränen des Liebeskummers trocknen, er wird sich ihm immer wieder anvertrauen. Unser Eggi wartet regelrecht auf sein tägliches Training, er lernt so wahnsinnig schnell, man kann jede Woche neue Fortschritte erkennen. Unglaublich! Unsere Trainerin stellt sich perfekt auf die Familie und ihre Bedürfnisse ein, ist sehr behutsam und gibt einem viel Sicherheit im Umgang mit dem Hund. Und zu wissen, dass Eggi beim Fußballtraining oder Spielen den Unterzucker bemerkt und anschlägt, das ist wie ein Wunder. Keine Technik kann das, zumindest momentan, anbieten. Max ist schon jetzt der Star mit seinem Hund bei den Freunden. Alle sind ganz interessiert, wie ein Hund mit einem Diabetiker arbeitet. Da macht ein Referat in der Schule richtig Spaß, es war mir nicht erlaubt, bei den Vorbereitungen zu helfen. Unsere komplette Patchworkfamilie mit vier Kindern ist absolut begeistert über unseren treuen und liebenswerten Eggi!"

Wie hilft der Hund einem Typ-2-Diabetiker?

Wenn ein Typ-2-Diabetes entsteht, kommen in der Regel verschiedene Ursachen bzw. Auslöser zusammen. Bekannte Faktoren sind bisher die Erbanlage, Übergewicht und Bewegungsmangel, Unempfindlichkeit gegenüber Insulin, eine gestörte Insulinausschüttung, schlechte Fettwerte, Bluthochdruck und eine gestörte Produktion bestimmter Darmhormone. Man nennt dies auch die Folge des Metabolischen Syndroms, welches über Jahre hinweg als Vorbote bereits den Diabetes ankündigt.

Typ-2-Diabetiker produzieren, im Gegensatz zu Typ-1-Diabetikern, über viele Jahre ihrer Erkrankung hinweg noch Insulin. Diese Produktion lässt aber im Laufe der Erkrankung immer mehr nach. Das Problem ist allerdings, dass das Insulin nicht richtig an den Zellwänden wirken kann, so dass der Zucker nicht in die Zellen hineingelassen wird. Diese fehlende Wirkung nennt man Insulinresistenz.

Trotz intensiver Bemühungen gestalten sich sowohl das Verhindern als auch die Therapie von Diabetes Typ 2 zum Teil äußerst schwierig und sind meistens nur unzureichend effektiv. An erster Stelle der Therapie steht ein gesunder Lebensstil und erst an zweiter Stelle kommen die Medikamente. Ein gesunder Lebensstil wiederum setzt sich aus Ernährung und körperlicher Bewegung zusammen. Studien haben gezeigt, dass für eine Gewichtsreduktion primär eine verminderte Kalorienzufuhr zielführend ist, für eine langfristige Gewichtserhaltung allerdings Bewegung und Sport unabdingbar sind. Andernfalls tritt der sogenannte Jojo-Effekt ein.[8] Für die meisten der Typ-2-Diabetiker, jene mit Übergewicht, gilt, dass sie ihr Körpergewicht reduzieren, für jene mit bereits reduziertem Gewicht, dass sie dieses halten müssen. Denn je mehr überschüssige Kilos sie mit sich herumtragen, umso stärker ausgeprägt ist die dem Typ-2-Diabetes zugrunde liegende Insulinresistenz. Was vor allem für Diabetiker wichtig ist: Körperliche Aktivität ist auch der Schlüssel für eine gute Insulinwirkung.

8 PD Dr. Thomas Bobbert, Lifestyle und Typ 2 Diabetes – was ist gesichert?, Erlangener Symposium für Diabetes und Stoffwechsel 2013

Als Bewegungstherapie werden vor allem Ausdauersportarten empfohlen, da sie die Reaktion des Körpers auf Insulin, die Insulinsensitivität und die Blutzuckereinstellung verbessern. Die Deutsche Diabetes Gesellschaft rät zu Sportarten wie Nordic Walking, schnellem Gehen, Bergwandern, langsamem Dauerlauf, Schwimmen, Radfahren etc. Anfänglich sollte die Belastungsdauer zehn Minuten nicht überschreiten. Langfristig kann dann drei bis vier Mal pro Woche für 30 bis 60 Minuten trainiert werden. Welche Form des Trainings im Einzelfall geeignet ist, richtet sich nach gleichzeitig bestehenden Krankheiten und den eigenen Vorlieben.

Die meisten Diabetiker kommen sehr gut mit ihrer Erkrankung klar, können sogar durch Ernährungsumstellung und Bewegung zunehmend oder ganz auf Medikamente verzichten.

Etwas schwieriger ist es bei Typ-2-Diabetikern, die Insulin spritzen oder bestimmte Tabletten einnehmen, welche die Insulinausschüttung steigern. Dazu gehören vor allem Sulfonylharnstoffe (Glibenclamid, Glimepirid, Gliclazid, Gliquidon) und Glinide (Repaglinid, Nateglinid). Diese Wirkstoffe erhöhen die Gefahr einer Unterzuckerung bei vergessener Mahlzeit, Sport, Alkohol oder zu schneller Insulinwirkung. In einer Studie berichteten Patienten mit Typ-1-Diabetes über durchschnittlich 43 Unterzuckerungen pro Jahr, bei den Patienten mit Typ-2-Diabetes waren es immerhin 16. Ebenso leiden Typ-2-Diabetiker unter Überzucker, welcher im schlimmsten Fall, einer Entgleisung, zum Beispiel in einem hyperosmolaren Koma endet. Dies allerdings ist wirklich eher die Ausnahme und in seiner Häufigkeit mit dem diabetischen Ketoazidose (zu hohe Konzentration von Ketonkörpern im Blut auf Grund von absolutem Insulinmangel) eines Typ-1-Diabetikers nicht zu vergleichen. Tatsächlich sind es die durch den Überzucker verursachten Folgeerkrankungen, die die große Gefahr darstellen und die es unbedingt zu vermeiden gilt.

Der Einsatz des Hundes fördert in erster Linie die so wichtige Bewegungstherapie. Hier gibt es kein Erbarmen, denn der Hund will rausgebracht werden. Auch wird der Hund sich nicht damit zufrieden geben, wenn sein Besitzer im Park nur neben ihm steht, sondern dieser wird wohl oder übel mit ihm gehen müssen. Der Hund bringt Struktur in den Tagesablauf und fördert die Motivation zur Bewegung und der Kommunikation, gerade auch bei zusätzlich depressiv veranlagten Diabetikern. Eine Studie der Michigan State University basierend auf den Angaben von knapp 6000 US-Amerikanern im Rahmen einer Datenerhebung zum menschlichen Freizeitverhalten und den damit verbundenen Gesundheitsrisiken beweist, wie Menschen von dem aktivitätssteigernden Effekt des Hundes profitieren[9]. Hundebesitzer überschreiten demnach die von Medizinern empfohlene Bewegungszeit deutlich. Die Wahrscheinlichkeit, dass sie die empfohlene körperliche Gesamtaktivität erreichten, liege 34 Prozent höher als bei Menschen ohne Hund. Im Detail offenbarten die Datenanalysen, dass dieser Effekt nicht nur auf die Spaziergänge mit dem Tier zurückzuführen sei. Hundebesitzer räumten beispielsweise auch Sport und Gartenarbeit deutlich mehr Platz in ihrer Freizeit ein.

Aber allein nur für die Aufgabe der vermehrten, regelmäßigen Bewegung benötigt man natürlich nicht gleich einen Diabetikerwarnhund. Vielmehr ist dieser sinnvoll bei Typ-2-Diabetikern, die zusätzlich insulinpflichtig sind, bereits unter Selbstwahrnehmungsstörungen leiden und alle bisherigen Therapieformen erfolglos ausgeschöpft haben. Hier dient der Hund in seltenen Fällen einer Unterzuckerung als Warnhund und verpflichtet seinen Besitzer gleichzeitig zu regelmäßiger Bewegung.

9 Mathew Reeves von der Michigan State University in East Lansing und seine Kollegen im Fachmagazin „Journal of Physical Activity and Health“ 2010

Was braucht ein Diabetikerwarnhund?

Ein Hund ist ein Hund. Und so ist auch der Diabetikerwarnhund in erster Linie ein Hund, ein Familienhund, ein Lieblingshund, ein treuer Begleiter.

Um wirklich Hund sein zu können, müssen wir Menschen ihn auch als solchen verstehen und behandeln. Er braucht genauso wie wir seine Ruhephasen, seine Bewegung und auch seine Herausforderung. So wird er ein ausgeglichener, glücklicher Hund sein, der mit Freude seine Aufgaben erledigt. Wir müssen nur für die richtige Balance zwischen den Punkten Ruhe – Bewegung – Herausforderung sorgen.

Fallbeispiele:

***Frau Zeiner** ist Vollzeit berufstätig als Sekretärin im Büro. Morgens bringt sie ihre Hündin Paula für 30 Minuten raus und nimmt sie dann wie immer mit ins Büro. Paula ist sehr anhänglich und sensibel und braucht die Nähe von Frau Zeiner. Frau Zeiner ist Diabetikerin und Paula wird ganz unruhig, wenn es Frau Zeiner nicht so gut geht. Im Büro schläft Paula in ihrem Kennel bis zur Mittagspause. Da Frau Zeiner nur eine halbe Stunde Pause hat, geht sie schnell mit Paula eine Runde in den nahegelegenen Park. Für große Spielchen bleibt eigentlich keine Zeit, aber Frau Zeiner weiß, dass hier auch andere Hunde ihre Mittagspause verbringen und so toben die Vierbeiner gemeinsam ein bisschen über die Wiese. Paula hat sich gerade erst einmal warmgelaufen und schon geht es wieder zurück ins Büro. Zum Glück nur noch ein paar Stunden. Frau Zeiner packt ihre Sachen zusammen, ein Zeichen für Paula, dass nun ihr Tag beginnt. Kurze Zeit später sind beide in einem Wald, gleich um die Ecke von Frau Zeiners Zuhause. Paula kann hier ohne Leine laufen und* *die Welt erkunden. Zwischendurch darf sie mehrere Dummys apportieren. Auf dem Rückweg nach einer Stunde kommt Paulas absolutes Lieblingsspiel: Frau Zeiner hat heimlich auf dem Hinweg im oberen Teil der Rinde von fünf Bäumen Futter versteckt. Paula ist verzückt, sie sucht alle Bäume ab, denn es duftet bereits so herrlich. Kaum gefunden, setzt sie sich und bellt. Als Belohnung bekommt sie das versteckte Futter. Jeden Tag gibt es ein anderes Spiel, eine andere Belohnung, es ist immer eine Überraschung und etwas Neues dabei. Zu Hause begleitet Paula Frau Zeiner auf Schritt und Tritt, hält nochmal ein kurzes Nickerchen während des Abendessens und genießt dann die letze Abendrunde um den Block. Ab ins Bett.*

***Familie Weinzierl** hat drei junge Kinder im Alter von vier bis zehn Jahren und Carlos, ihren Diabetikerwarnhund für Frau Weinzierl. Morgens macht Carlos nur eine kurze Runde mit dem Vater, denn erstens hat Carlos Hunger und zweites wird zu Hause jede Hilfe beim morgendlichen Kinderchaos benötigt. Während hektisch Jacken, Taschen und Pausenbrote gesucht werden, sieht sich Carlos das Treiben gemütlich von seinem Platz aus an. Carlos ist zwar ein Naturbursche und sehr gerne draußen, aber er hat ein starkes Wesen und hat sich unter Kontrolle. Er weiß, wenn alle endlich weg sind, kann er nochmal in Ruhe schlafen. Gegen elf Uhr, nachdem Frau Weinzierl den Haushalt einigermaßen wiederhergestellt hat, streckt sich Carlos und steht auf. Die innere Uhr ruft. Obwohl es mittlerweile regnet, lassen sich beide von ihrer täglichen gemeinsamen Verabredung nicht abhalten und gehen raus. Sie gönnen sich mindestens eine Stunde, denn diese Zeit ist heilig, verlässlich und immer sehr spannend. Niemand stört sie. Frau Weinzierl und Carlos suchen sich täglich wechselnde Wege. Carlos durchstöbert jeden Winkel, rast über die Wiesen, springt über und oft genug auch in Bäche. Zwischendurch ruft ihn Frau Weinzierl, wenn es etwas ganz Aufregendes zu sehen gibt. Zum Beispiel die vergessene Kanalröhre, durch die Carlos wunderbar durchklettern kann oder die umgefallene Leiter vom Hochsitz. Carlos hat es letztes Mal bis zur Hälfte geschafft, darüber zu klettern. Heute, er kann es fast selbst nicht glauben, schafft er es ganz. Was für ein Freudenfest, da ist doch die Belohnung schon fast zweitrangig. Glücklich, erschöpft und tropfnass kehren beide nach Hause zurück. Carlos kuschelt sich ein, bis mittags die Kinder nach Hause kommen. Der Nachmittag ist immer ein bisschen unberechenbar. Manchmal macht die Familie einen Ausflug, da bleibt Carlos entweder zu Hause oder wartet im Auto. Bei schönem Wetter gehen alle in den Garten und toben dort* *herum. In der Winterzeit hingegen wird viel gebastelt und somit der Tag zu Hause verbracht. Hier kann es dann auch schon mal vorkommen, dass es Hunde-Spielchen im Haus gibt. Doch Carlos ist genügsam, er macht alles mit, solange er seine heilige Zeit vormittags hat. Und dass Frau Weinzierl ihm trotzdem nachmittags mindestens eine dreiviertel Stunde draußen mit oder ohne Kindern gönnt, weiß er ganz genau. Sind die Kinder dann abends im Bett und es wird wieder leiser im Haus, dreht der Vater noch die letzte Abendrunde mit Carlos.*

***Philips** größter Stolz ist Maja, seine Diabetikerwarnhündin. Philip ist 12 Jahre alt und hat Maja selbst mit ausgebildet. Er hat eine sehr enge Beziehung zu ihr. Natürlich schläft die sanfte Maja bei Philip im Zimmer, wie die Mutter vermutet, auch heimlich manchmal im Bett, aber Maja ist schlau und lässt sich dabei nicht ertappen. So wie sie nachts auf Philips Zuckerwerte achtet, hört sie auch genau auf die nahenden Schritte der Mutter und springt schnell vom Bett herunter. Das sind oft unruhige Nächte, gerade wenn Philips Werte mal nicht so optimal sind und seine Mutter ihn sicherheitshalber mehrmals überprüft. An ein Durchschlafen ist hier gar nicht zu denken, im Gegensatz zu Philip, der seelenruhig weiterschläft.*

Philips Mutter nimmt Maja morgens gleich mit raus, da sie immer frische Brötchen holt. Der Bäcker ist zehn Minuten entfernt, viel weiter will Maja auch gar nicht laufen. In der Zwischenzeit deckt Philip den Tisch, die drei leben alleine und sind ein gut eingespieltes Team. Nach dem Frühstück bleibt Maja am Vormittag vier Stunden alleine zu Hause, Philip geht in die Schule, seine Mutter in die Arbeit. Zeit für Maja, um sich mal so richtig auszuschlafen. Wenn sich dann mittags der Schlüssel im Türschloss dreht, ist Majas Freude sehr groß. Philips Mutter lässt Maja sofort einmal in den Garten, räumt die Einkäufe weg und macht dann einen kleinen Spaziergang mit ihr durch das Viertel. Maja kann hier die größte Strecke leider nur an der Leine laufen, weil zu viele Autos unterwegs sind. Um drei Uhr kommt Philip aus der Schule, isst noch schnell eine Kleinigkeit und schnappt sich dann seine geliebte Hündin für die gemeinsame tägliche Abenteuertour. Dies war die Vereinbarung, bevor Maja in die Familie kam. Die Mutter kümmert sich um Majas Grundversorgung, für die Ausbildung und das Spaßprogramm ist Philip zuständig. So ziehen Kind und Hund ab in die nahegelegenen Bachwiesen. Ein herrliches Abenteuergelände, in denen beide auf ihre Kosten kommen. Es gibt immer Neues zu entdecken und Maja kann sich ohne Leine vollkommen austoben. Manchmal begleitet auch Philips Mutter die beiden, manchmal ein Schulfreund oder sie treffen auf andere Hundebesitzer. Philips Hundetrainer hat ihm gezeigt, wie Philip Maja spielerisch beschäftigen kann. Der Phantasie sind keine Grenzen gesetzt und Philip hat schnell erkannt, dass man dafür nur ein bisschen seine natürliche Umgebung zweckentfremden muss. Auch hat er gelernt, Majas Grenzen zu erkennen, Philips Freunde hingegen sehen diese oft nicht sofort. Daher kann es schon mal vorkommen, dass Maja nach einem Abenteuerausflug ziemlich erschöpft nach Hause kommt. Zum Glück hat sie dort ihren herrlichen Hundeplatz, ihre persönliche „Don't touch me"-Zone. Hier kann sie sich ausruhen und niemand wird sie dabei stören. Philip achtet sehr darauf. Er macht jetzt seine Hausaufgaben und weiß, dass er in den nächsten Stunden, wie auch in der Schule, selbst auf seine Zuckerwerte und Selbstwahrnehmung achten muss, da Maja nicht zuverlässig einsatzfähig ist, sie schläft. Nach dem Abendessen und kurz vorm Zubettgehen bringt die Mutter Maja noch einmal nach draußen. Dann beginnt Majas Nachtdienst.

Diese Fallbeispiele zeigen, wie der Tag eines Hundes gestaltet sein kann. Jeder Assistenznehmer hat seinen individuellen Tagesablauf und sein individuelles Einsatzgebiet für den Warnhund. Als Grundgerüst muss der Hund aber die Balance aus ausreichend Ruhe, reiner Bewegung und zusätzlicher Herausforderung bekommen. Ruhe bedeutet dabei, dass der Hund tatsächlich auch seine absolute Auszeit bekommt. Eine Zeit, in der er schlafen kann, ihn nichts und niemand stört. Zur Bewegung zählt nicht nur das kurze Rausbringen für die nötigsten Geschäfte. Ihr Hund muss sich freilaufend lange austoben können. Mindestens einmal am Tag, im besten Fall natürlich mehrmals. Ebenso benötigt er eine Herausforderung, geistig und/oder körperlich. Diese sollte abwechslungsreich sein, probieren Sie ruhig immer wieder etwas Neues aus, nichts ist langweiliger, als täglich dem gleichen Ball hinterherzujagen. Ihr Hund möchte gefordert werden, sonst sucht er sich irgendwann seine Herausforderung selber.

Jeder Hund hat dabei individuell unterschiedliche Bedürfnisse. Verlassen Sie sich auf Ihr Gefühl und Gespür, Sie werden schnell merken, wenn Ihr Hund unglücklich und unausgeglichen ist. Spätestens dann stimmt das Gleichgewicht der drei wichtigen Grundsäulen nicht und sollte umgehend wiederhergestellt werden.

Welche besonderen Anforderungen stellt die Aufgabe an einen Hund?

Meist gilt die erste Sorge der Fähigkeit des Hundes, die Blutzuckerschwankungen am Individualgeruch unterscheiden zu können. Dabei stellt dies, einiges Training vorausgesetzt, kein sonderliches Problem dar. Die echte Herausforderung für Diabetikerwarnhunde ist auch nicht die Anzeige selbst, sondern die Arbeitssituation. An dem folgenden Beispiel wird schnell deutlich, welche besonderen Aspekte die Aufgabe des Diabetikerwarnhundes beinhaltet.

Wir betrachten hier einmal die beiden Hündinnen Xenia und Pika, die beide durch Verbellen die Wahrnehmung eines Geruchs anzeigen.

Der Rettungshund Xenia ist „Flächensucher" und sucht vermisste Personen in oft unwegsamem und unübersichtlichem Gelände. Dabei versucht sie menschliche Witterung aufzuspüren, um so zu dem Vermissten zu gelangen. Auch wenn die Diabetikerwarnhündin Pika ebenfalls im weitesten Sinn mit menschlichem Geruch arbeitet, sind die Arbeitssituationen der beiden Hündinnen grundverschieden.

Flächensuchhund Xenia bei der Anzeige.

Xenia ist geprüfter Flächensuchhund der Rettungshundestaffel Freiburg im DRV. Geht es für sie in einen Einsatz, wird ihr Hundeführer alarmiert. Sofort merkt sie ihm seine Anspannung an. Spätestens, wenn er seine Einsatzkleidung anzieht, weiß Xenia, dass es für sie Arbeit gibt. Ihr Hundeführer fährt zum Einsatzort. Aus dem Auto kann sie die Blaulichter sehen und die gelben Lichter des Einsatzfahrzeuges. Schon auf dem Weg zum Suchgebiet, das Xenia gleich durchkämmen wird, ist sie hoch konzentriert. Ehe sie in die Suche geschickt wird, zieht ihr der Hundeführer die Kenndecke über. Auf das Kommando „Such und Hilf" fliegt sie geradezu in den Wald hinein. Jeder ihrer Sinne ist hellwach, sie weiß genau, was von ihr erwartet wird und ... da ist sie schon, menschliche Witterung. Mit einigen wenigen Sprüngen hat sie die Person erreicht, sitzt vor und ... Anzeige!

Pika ist Diabetikerwarnhund.

Während die Mutter das Mittagessen vorbereitet, schickt sie den kleinen Jungen, den Pika überwacht, in den Garten, damit er noch etwas im Sandkasten spielen kann. Pika liegt derweil unter dem Tisch und denkt schon darüber nach, was wohl heute auf den Tisch kommt. Die Mutter weiß nicht, dass ihr Sohn, statt im Sandkasten zu spielen, im Augenblick wie ein Wilder auf dem Trampolin springt. Als er hereinkommt, ist sein Blutzuckerwert in einem rasanten Fall ins Bodenlose. Die Mutter wirft ihm einen Blick über die Schulter zu, schnippelt aber weiter an ihrer Gemüsepfanne. Alles ist wie immer. Nur Pika ist alarmiert. Sie kann sich auf keine weiteren Hinweise als auf ihre Nase verlassen, aber sie fasst sich ein Herz und: Anzeige!

Die Diabetikerwarnhündin Pika zeigt an.

Sie sehen, während die Rettungshündin Xenia jede Menge Hinweise bekommt, muss Pika aus dem Stegreif arbeiten. Jederzeit kann sie mit dem Anzeigegeruch konfrontiert werden. Während Xenias Hundeführer im Einsatz oder Training ganz bei seinem Hund ist und mit einer Anzeige rechnet, muss Pika in die Situation "hineinplatzen" und die Aufmerksamkeit erst auf sich ziehen.

Die Arbeit mit dem Geruch ist nur ein Aspekt der Aufgabe, die ein Diabetikerwarnhund zu bewältigen hat. Die Eignung, Gerüche zu differenzieren, bringt in der Regel jeder Hund mit, der ein Hund ist. Damit ein Warnhund aber erfolgreich und glücklich mit seiner Aufgabe ist, braucht er die Anlage besonderer Charaktereigenschaften:

Er muss eine große Portion Selbstbewusstsein mitbringen, um sich in jeder Situation souverän durchsetzen zu können. Es gehört aber nicht nur ein eigener Kopf, sondern gleichzeitig der so genannte „will to please" dazu. Als „will to please" bezeichnet man die Eigenschaft des Hundes, seinem Führer gefallen zu wollen sowie eng und gut mit ihm zusammen zu arbeiten. Und dies nicht nur dann, wenn der Hund nichts Besseres zu tun hat, sondern 365 Tage im Jahr.

Ihr Diabetikerwarnhund hat nur dieses eine Leben. Er kann nicht auswandern oder kündigen. Ist die ihm zugedachte Aufgabe zu groß für ihn, wird er dem Erfolg ein Leben lang hinterherlaufen, er wird vielleicht überfordert und Sie manchmal mit ihm unzufrieden sein. Passt die Aufgabe dagegen zu einem Hund wie angegossen, wird er einer der zufriedensten Hunde sein, die auf dieser Erde zu finden sind: Stets beschäftigt, wichtig, gelobt und geliebt.

Die Welthundeorganisation FCI (Fédération Cynologique Internationale) erkennt, Stand Juli 2012, 343 Rassen an. Vom winzig kleinen Chihuahua (1,5 bis 3 kg) bis zur riesigen Deutschen Dogge (Rüden zwischen 75 und 80 kg). Wenn Sie nun sagen, super, so ein Kleiner reicht für mich doch völlig aus, sollten Sie wissen, dass Hund nicht gleich Hund ist. Die Optik ist nicht „zufällig" wie die Wechselschale eines Handys. Die einzelnen Rassen wurden für spezifische Aufgabengebiete gezüchtet und sind in ihrem phänotypischen Erscheinungsbild sowie ihren charakterlichen Eigenschaften diesem angepasst, auch wenn man das heute gerne vergisst. Der

Rauhaardackel, der gerne mit bayerischer Gemütlichkeit verknüpft und als lustiges Zamperl dargestellt wird, hat nicht etwa so kurze Beine, damit er besser unter den Wirtshaustisch passt, sondern damit er in den Dachsbau einschliefen kann. Unter der Erde, in völliger Dunkelheit und ganz auf sich alleine gestellt, liefert er sich Gefechte mit dem Dachs – rassebedingt ist der Dackel daher ein mutiger Kämpfer, aber nicht unbedingt ein Teamplayer. Dieses Beispiel ist leicht nachzuvollziehen, dennoch ist die Realität (leider) nicht so einfach. Entscheidend ist immer das Individuum, nicht die Rasse. Unter Umständen kann ein Dackel ein hervorragender Warnhund werden, ein Golden Retriever kann völlig ungeeignet sein.

Im Folgenden erhalten Sie einen Überblick über einzelne Rassen, die derzeit vermehrt als Diabetikerwarnhunde eingesetzt werden:

Prädestiniert sind für diese Aufgabe Labrador Retriever und Golden Retriever – ursprünglich wurden diese Hunde für den Apport von Niederwild gezüchtet.

Golden Retriever aus einer Arbeitslinie.

Drei Golden Retriever Hündinnen aus einer Showlinie.

Labrador Hündinnen aus einer Arbeitslinie.

Ein Labradorrüde aus der Showlinie beim Apport.

Sie sollten geduldig warten, bis Wild geschossen wird, selbstständig und ausdauernd suchen aber gleichzeitig auch lenkbar sein. Sie mussten stets konzentriert bei der Sache sein, auch in stressigen Situationen, „unter Feuer" und mit vielen parallel arbeitenden Hunden und vielen Menschen, denen sie stets freundlich begegnen sollten. Hunde, die sich sofort in ein raufendes Knäuel verwandeln, sind auf der Jagd nicht zu gebrauchen. Dafür soll der Hund sich jedoch blitzschnell auf alle Gegebenheiten einstellen und immer freundlich und konzentriert bleiben. Jederzeit kann der nächste Vogel vom Himmel fallen und der Hund muss sich die Fallstelle merken. Gerade Letzteres spielt für den Einsatz als Diabetikerwarnhund eine große Rolle. Der Hund sollte nicht permanent in hohem Erregungszustand sei, aber immer „online" – bereit für die Arbeit. Zudem kommt dem Einsatz als Warnhund das robuste Nervenkostüm des Labrador oder Golden Retriever entgegen. Der Diabetikerwarnhund ist nämlich gerade dann gefragt, wenn sich im Leben des Diabetikers etwas Außergewöhnliches ereignet: Ein Wandertag in der Schule sorgt für viel Bewegung für den Diabetiker, eine Reise im Wohnmobil in den Süden beschert Gerichte, die zwar fürchterlich lecker sind, aber für den Diabetiker eher „unberechenbar". Damit ein Hund in solchen Situationen eine zuverlässige Unterstützung ist, muss er nicht nur hoch motiviert, sondern sicher und souverän sein. Nur ein gelassener, fröhlicher Begleiter kann seine Aufgabe zuverlässig wahrnehmen. Dennoch können das sonnige Gemüt und die Liebe zu Menschen des Labrador Retrievers auch eine große Belastung darstellen: Nie sind Sie alleine, stets werden Sie berührt, abgeleckt und nicht selten freudig angehüpft. Mit Matschpfoten versteht sich. Obwohl vermeintlich kurzhaarig und pflegeleicht – der Labrador ist ein Schmutzfink. Der Golden Retriever dagegen ist in der Regel ein sanfter, eleganterer Hund, der nicht direkt küsst und rempelt, aber genauso gerne haart und keine Pfütze auslässt.

Zunehmend werden auch Australian Shepherds als Diabetikerwarnhunde eingesetzt. Hierzu haben wir ein Interview mit Anja Hanauer geführt, die seit 1999 Australian Shepherds in der Rettungshundearbeit und verschiedenen Sparten des Hundesports führt. Derzeit leben bei ihr zwei Hündinnen aus Arbeitslinien, die, neben hundesportlichen Freizeitbeschäftigungen als Hauptjob ihre eigene kleine Schafherde hüten und die Ausbildung zum Koppelgebrauchshund genießen dürfen.

„Der Aussie hat mich von Anfang an durch seine Vielseitigkeit, seine schnelle Auffassungsgabe, Reaktionsschnelle und vor allem seinen „will to please" ohne Kadavergehorsam beeindruckt. Natürlich nicht zuletzt durch seine äußere Erscheinung. Ob ich denke, dass der Aussie einen geeigneten Warnhund abgibt? So pauschal lässt sich das nicht sagen.

Der Aussie wurde von jeher auf die vielseitige Arbeit auf der Ranch selektiert. Er wurde gezüchtet, alle auf einer Farm anfallenden Arbeiten mit Ausdauer und Selbstständigkeit zu erledigen und sich dabei schnell auf wechselnde Situationen einzustellen. Er wird nicht nur zum Bewegen verschiedenster Tierarten eingesetzt, sondern auch zum Bewachen von Haus und Hof.

Auf den ersten Blick bietet sich der Aussie natürlich unheimlich an. Er lernt wahnsinnig schnell, ist gut trainierbar und auch ein absoluter Teamplayer, verfügt über eine gewisse Grundschnelligkeit und mentale Stärke, und zeigt großen Arbeitswillen, nicht zu vergessen sein ansprechendes Äußeres. Jetzt kommt das große ABER. Seine Umwelt hat er immer im Blick, um notfalls auf gewisse Reize schnell zu reagieren. Er hat eine große Auffassungsgabe, aber nicht nur für die „guten Dinge". Alles andere lernt er genau so schnell, wenn nicht sogar schneller. Das heißt, der Hundeführer muss sich jeden Moment darüber im Klaren sein. Schludern in der Konsequenz wird gnadenlos ausgenutzt. So hart wie der Aussie in der Arbeit sein kann, so sensibel ist er auch. Eine falsche Korrektur an falscher Stelle kann vieles kaputt machen. Auch lässt er sich von der Stimmung oder der Unsicherheit seines Führers mehr oder weniger stark beeinflussen und quittiert dies nicht selten mit Stressreaktionen und / oder unerwünschtem Verhalten.[10] Für ihn unklare Signale können ihn verunsichern. Der Aussie verfügt über einen meist stark ausgeprägten „will to please", aber nicht um jeden Preis. Er neigt dazu, ganz rassetypisch, auch seine eigenen Entscheidungen zu treffen. Der im Standard erwähnte Wach- und Schutztrieb ist in der Regel von einem souveränen Hundeführer gut zu kontrollieren, aber in Situationen, in der der Mensch fremde Hilfe benötigt und auf seinen Hund keinen Einfluss mehr hat, kann das zu einem ernsthaften Problem werden.

Meiner Meinung nach gibt es durchaus sehr gut geeignete Exemplare dieser Rasse, die ihren Job als Diabetikerwarnhund absolut gewissenhaft ausführen werden. Nur muss man diese finden. Wenn man sich dazu entscheidet, einen Aussie als Warnhund auszubilden und einzusetzen, muss man sich im Klaren über die rassespezifischen Eigenschaften und die eventuell damit verbundenen Risiken sein. Dazu muss man den Aussie gut lesen können und schnell die richtigen Schlüsse aus seinem Verhalten ziehen. Wenn man einen Aussie zum Warnhund ausbilden möchte, ist es sicher von Vorteil, wenn man ihn erst in einem Alter aussucht, in dem er bereits seine individuellen Charaktereigenschaften entwickeln konnte."

10 Anm. der Autorinnen: Dies kann zu einem Problem werden, wenn sich die Schwankungen des Blutzuckerspiegels in Ihrer Stimmung abbilden!

Ein Australian Shepherd bei der Arbeit.

Zwei Hündinnen aus einer Arbeitslinie.

Eine Australian Shepherd Hündin aus einer Showlinie.

Andere, alte Rassen wie z.B. der Wolfsspitz werden mit großem Erfolg eingesetzt, ebenso der Pudel, seien es Mittel- oder Großpudel. Er ist ein intelligenter Hund und harter Arbeiter mit einem Imageproblem. Gerade beim Großpudel denken die meisten Menschen eher an geföhnte Ausstellungshunde und können sich nicht vorstellen, dass sie einen echten Haudegen an ihrer Seite haben, der alles mitmacht, in Sachen Bewegung und Auslastung sogar mehr, als ihnen vielleicht lieb sein könnte. Vorstellbar ist auch der Einsatz weiterer Jagdhunde neben dem Labrador und dem Golden Retriever, der kleine Münsterländer z.B., der von jeher als Allrounder geführt wird.

Hier stoßen wir auf folgendes Problem: Haben Sie bereits einen Hund, der sich gegebenenfalls eignet, werden Sie natürlich immer zuerst versuchen, diesen auszubilden. Ist Ihr Hund aber ungeeignet oder Sie haben noch keinen Hund, soll das Projekt Diabetikerwarnhund natürlich möglichst sicher klappen. Das bedeutet, dass Sie sich wahrscheinlich für eine bereits bewährte Rasse entscheiden werden, statt Experimente zu machen. Bitte sitzen Sie nicht dem Fehler auf, dass Sie, wenn Sie sich zwischen zwei Rassen nicht entscheiden können, einer Designerrasse den Vorzug geben. Einem Labradoodle z.B. oder einem Goldendoodle – automatisch geht man stets davon aus, dass die Kreuzung der Rassen die positiven Eigenschaften beider Elterntiere trägt – es kann auch genau das Gegenteil der Fall sein.

Deutlich wird das am Beispiel verschiedener Pferderassen: Stellen Sie sich vor, Sie kreuzen ein liebes, geduldiges und nervenstarkes Holzrückepferd, das fast eine Tonne wiegt, mit einem sportlichen, heißblütigen und nervösen Araber. Sie erhalten ein liebes, sportliches Freizeitpferd mit guten Nerven? Das ist die Wunschvorstellung. Das Ergebnis kann ebenso gut ein Pferd sein, welches fast eine Tonne wiegt, schlechte Nerven hat und kaum zu kontrollieren ist.

Bitte lassen Sie sich nicht von Äußerlichkeiten leiten! Ein kleiner putziger Schnauzer mag den Eindruck vermitteln, er sei perfekt als Familienhund. Dabei braucht er sicher mehr Führung und Konsequenz als eine sanfte Labradorhündin.

Abstand sollte man dagegen generell nehmen von Rassen mit ausgeprägtem Wach- und Schutztrieb. Gerade in Situationen, in denen der Mensch fremde Hilfe benötigt und auf seinen Hund keinen Einfluss mehr nehmen kann, könnte dies zu einem ernsthaften Problem werden.

Wie finden Sie einen geeigneten Hund?

Generell sollte ein Hund, ganz gleich ob Familienhund oder Warnhund, entweder von einem seriösen und kontrollierten Züchter kommen, der dem VDH, dem Verband für das deutsche Hundewesen angehört (für Österreich ist das der ÖKV, der österreichische Kynologenverband, für die Schweiz die SKG, die Schweizerische Kynologische Gesellschaft) oder aus dem Tierschutz kommen. Letzteres gestaltet sich oft nicht einfach. Aus der Praxis wissen wir, dass sich viele Assistenznehmer wünschen, einem Hund, der bislang kein schönes Leben hatte, ein neues Zuhause und eine Aufgabe zu geben. Leider ist dies eher selten umsetzbar, da viele Hunde im Tierschutz schon eine belastende Vorgeschichte haben und den Aufgaben unter diesen Umständen nicht gewachsen sind.

Dies heißt aber nicht, dass Sie keinen „Rohdiamanten“ finden können. Sie sollten sich bei Ihrer Suche auf Tierschutzvereine konzentrieren, die mit „Pflegestellen“ arbeiten. Hier lebt der Hund integriert in den Alltag einer Familie. Die „Pflegestelle“ kann durch die Erfahrungen, die mit dem Hund in Alltagssituationen gemacht werden, realistische Einschätzungen vornehmen und weiß, welchen Anforderungen der Hund gerecht werden kann.

Auch wenn es jede Menge Literatur zum Thema „Charaktertest“ und „Welpentest“ gibt, wir würden Ihnen lieber Folgendes ans Herz legen: Suchen Sie sich einen Züchter, dem Sie vertrauen und verlassen Sie sich auf sein Urteil. Der Züchter kennt seine Hunde und ist daran interessiert, dass das Projekt „Diabetikerwarnhund“ zum Erfolg wird und der Hund in der Lage ist, die Aufgabe zu meistern. Dasselbe gilt auch für die Pflegestelle. Verlassen Sie sich auf die Profis, denen ihre Hunde am Herzen liegen! Auch wenn Sie Ihren zukünftigen Hund lange und oft besuchen – das Bild, das Sie gewinnen, bleibt stets eine Momentaufnahme. Zudem ist fraglich, inwieweit sich der Hund im Laufe seiner Entwicklung verändern wird. In den Retriever-Zuchtvereinen im VDH muss zum Beispiel jeder Hund, ehe er in die Zucht gehen kann, auf einem Wesenstest die retrievertypischen Eigenschaften beweisen. Dies ist allerdings je nach Zuchtordnung frühestens ab einem Alter von sechs Monaten möglich.

Eine Befragung des DIfA-Institutes zu Wesen und Grundeigenschaften des ausgebildeten Diabetikerwarnhundes (unabhängig von Rasse und Alter) ergab folgendes Bild: Sowohl bei der Gruppe der erwachsenen Assistenznehmer als auch bei den Kindern wurde gleichermaßen bewertet die Ausgeglichenheit (20%) und Neugier (12%) des Hundes. Schüchternheit (2%) hingegen scheint kein geeigneter Wesenszug zu sein. Einzig signifikant unterschiedlich bewertete die Gruppe der erwachsenen Diabetiker die Anhänglichkeit gepaart mit Besorgtheit des Hundes mit knapp (40%), während bei den Kindern ein starkes Selbstbewusstsein und Anhänglichkeit des Hundes (40%) im Vordergrund stehen.

Welches Alter sollte Ihr Hund denn idealerweise haben?

Bitte sorgen Sie sich nicht, dass, wenn Sie sich für einen Junghund (sechs bis zwölf Monate) entscheiden, dieser sich Ihrem Leben nicht mehr anpassen kann. Sie sollten sich jedoch bewusst sein, dass die Erziehung eines Welpen zwar eine schöne, jedoch sehr zeitaufwändige Angelegenheit ist. Vielleicht stehen Sie ja bereits schon jetzt zweimal nachts auf und messen Ihr Kind? Dann wird es Ihr Schlafkonto zusätzlich ins Minus stürzen, wenn der Welpe Sie weckt, weil er in den Garten muss. Vielleicht will er eine Stunde später nachsehen, ob der Igel noch da ist, den er beim ersten Mal entdeckt hat und während Sie im Schlafanzug an der Türe stehen und frieren, überlegen Sie, wer nochmal die Idee mit dem Diabetikerwarnhund hatte ...

Ein weiterer Vorteil ist, dass Sie mit einem Junghund schneller ins Training einsteigen können, wobei das Alter bzw. der Entwicklungsstand relativ ist: Ein neunmonatiger Labradorrüde verhält sich oft wie ein überdimensionaler Welpe, eine neun Monate alte Golden Retriever-Hündin kann bereits erwachsen und vernünftig sein. Das wohl wichtigste Argument für einen Junghund ist, dass ein Hund in diesem Alter bereits gut

Obwohl dieser kleine Hund erst fünf Wochen alt ist, gestaltet er sehr aktiv seine Umgebung. Einige Kollateralschäden werden bei der Aufzucht eines Welpen nie ausbleiben.

einzuschätzen ist. Hier geht es nicht nur um Tendenzen, sondern der Hund zeigt viel von sich und seiner Persönlichkeit.

Vielleicht haben Sie sich aber schon immer gewünscht, ein Hundebaby großzuziehen, dann sollten Sie im Hinblick auf die spätere Warnaufgabe einiges beachten:

Wie arbeiten Sie mit Ihrem Welpen?

Das Zauberwort in der Arbeit mit jedem Welpen ist Ruhe, Geduld und die Vermittlung des Vertrauens, dass Sie als Hundeführer stets alle Geschicke hervorragend lenken und leiten werden. Ihr Welpe hat noch viel Zeit, all das zu lernen, was er als Diabetikerwarnhund braucht. Das Lernpensum, welches ein kleiner Welpe in seinem neuen Zuhause zu bewältigen hat, ist ohnehin schon immens:

Wo Pippi machen? Mit wem spielen? Wo schlafen? Wer gehört dazu? Kitzelt der Käfer auf der Zunge, wenn ich ihn im Mund habe?

Was Ihr Welpe dagegen unbedingt lernen sollte:

„Meine Menschen sind die Besten! Bei ihnen ist es spannend und lustig, sie zeigen mir die Welt und sorgen dafür, dass ich prima in ihr zurechtkomme. Wann immer ich meinen Menschen folge, habe ich selbst Erfolg."

Jede Aufgabe, die Sie dem Welpen geben, kann er lösen. Arbeiten Sie mit ihm, wird er gefordert, aber niemals überfordert. Nach Beendigung jeder Einheit findet er es schade, er hätte so gerne noch weiter gemacht. Jede Übung wird kleinschrittig aufgebaut, so verhindern Sie, dass der Welpe viel ausprobieren muss, abgekämpft und mutlos wird. „Hüpft" er dagegen mit Ihnen von einem Erfolg zum nächsten, legen Sie ein optimales Fundament für eine erfolgreiche gemeinsame Zukunft: Der Hund hat Vertrauen in Sie als Hundeführer und vertraut auf seine eigenen Fähigkeiten. Wichtig ist, dass Sie Ihre Zielbeschreibung schon bei der Erziehung des Welpen im Kopf bzw. bei der Hand haben. Tabus, die jetzt gesetzt werden (z.B. der erste Stock darf nicht betreten werden, bei Tisch hast du nichts „zu melden", im Auto hast du „Sendepause"), sind schwer wieder herauszuarbeiten. Daher versuchen Sie, solche „Klippen" am besten zu umschiffen. Wird der Hund bei Tisch rigoros verbannt, geht er unter Umständen später davon aus, dass das Spiel mit den Gerüchen hier nicht gespielt wird. Ihnen entgeht dann, dass Sie vor jeder Mahlzeit in eine Unterzuckerung fallen. Würde der Hund anzeigen, könnten Sie die Basalrate/Langzeitinsulin (Grundbedarf an Insulin) anpassen, ...

Vier Generationen Labrador Retriever.

Welpenspielstunden stehen wir eher kritisch gegenüber. Ihr Welpe kommt in der Regel aus einem Rudel, das nicht nur aus seinen Wurfgeschwistern besteht, sondern aus Tanten, Halbgeschwistern, schlicht: anderen Hunden.

Hier hat der Welpe gelernt, sich wie ein Hund zu verhalten und zu kommunizieren. Wunderbar, wenn Sie ihm die Möglichkeit geben, diese Fähigkeiten in einiger Zeit in Hundebegegnungen zu üben und zu verfeinern. Zunächst sollte er aber Sie, Ihre Familie und Ihr Leben kennenlernen.

Was auf keinen Fall passieren darf:

Leider gibt es noch immer Hundeplätze, auf denen Welpen verschiedenster Alters- und Gewichtsklassen zusammengewürfelt werden. Schon rennt alles wild durcheinander und die Hundeführer werden angewiesen, sich aus dem „Sozialspiel“ herauszuhalten. Während Ihr acht Wochen alter Welpe von zwei Älteren verkloppt wird, lernt er nicht etwa Sozialverhalten und Hundekommunikation, sondern dass er, wenn es hart auf hart kommt, alleine dasteht und sich nicht auf Sie verlassen kann. Dann entscheidet er sich vielleicht später in Situationen, die er als „brenzlig“ einschätzt, z.B. einer Anzeige im Beisein fremder Hunde, für defensives Verhalten. Weiß der Hund dagegen, dass Sie in jeder Situation hinter ihm stehen und im Notfall schnell an seiner Seite sind, kann er viel freier agieren.

In jedem Fall sollten Sie umsichtig sein und große Hundeansammlungen, Messen oder Turniere meiden, bis sich nach der 12. Woche durch die zweite Impfung die immunologische Lücke schließt. Es spricht jedoch nichts dagegen, dass Ihr Welpe die Hunde aus der Nachbarschaft, deren Sozialkompetenz vorausgesetzt, frühzeitig kennenlernt. Mit etwas Glück verstehen Sie sich gut mit den dazugehörigen Menschen. Gemeinsame Spaziergänge oder Unternehmungen machen allen Beteiligen großen Spaß. Sie werden sehen, eine lange, vertraute Beziehung zwischen Hunden ist so viel wertvoller als eine zufällige Rennerei im Park oder wöchentliche „Spielstunden“ mit wechselnden Hundepartnern.

Wie bereiten Sie Ihren erwachsenen Hund auf diese Aufgabe vor?

Macht Ihr erwachsener Hund viel kaputt? Spielt er wild, ist kaum zu bändigen? Durch lange Spaziergänge nicht „totzukriegen“? Gut! Das könnten unter anderem Anzeichen dafür sein, dass er kopfmäßig nicht ausgelastet ist. Vermutlich wird ein solcher Hund begeistert auf die im Folgenden gestellten Aufgaben einsteigen.

Ist Ihr Hund ein artiges Tier, das keine Ansprüche stellt und immer wartet, bis Sie sich mit ihm beschäftigen? Stellen Sie das Leben Ihres Hundes auf den Kopf, lösen Sie Ritualisierungen auf. Vermeiden Sie die immer gleichen Gassiwege zur immer gleichen Zeit. Der Futternapf verschwindet im Keller, ab sofort darf er sich sein Futter verdienen. Sei es durch die Arbeit mit dem Futterdummy, der Handfütterung beim Rückruf ... Sie werden sehen, auch wenn Sie vorher ein schlechtes Gewissen haben sollten – diese Art der Fütterung bringt für Ihren Hund jede Menge Spaß und verlangt Ihnen immer wieder neue Aufgabenstellungen ab. Langeweile war gestern! Das ist die beste Vorbereitung für Ihren Hund, der in Zukunft stets flexibel und einsatzbereit sein muss.

Ihr Hund und Sie sind schon ein eingespieltes Arbeitsteam? Hervorragend! Dabei spielt es keine Rolle, ob Sie mit Ihrem Hund im Flyball, Agility oder beim Dogdancing erfolgreich sind, oder ob Ihr Hund Sie zur Jagd begleitet. Sie eröffnen einfach ein neues, aufregendes Projekt zusammen! Sie sollten sich natürlich bewusst sein, dass das Arbeitskonto des Hundes durch die andere Aufgabe oft schon „ausgebucht" ist. So wird Ihr Labrador Retriever nach einem anstrengenden Tag auf der Treibjagd nachts nicht mehr Ihr Kind überwachen können – er hat im übertragenen Sinne „sein Pulver" schon „verschossen".

Ein Wort zur Kastration

Auch wenn viele Assistenz- und Warnhundeorganisationen ausschließlich mit kastrierten Hunden arbeiten, sollten Sie unbedingt für sich selbst entscheiden, was für Ihren Hund und für Sie die beste Lösung ist. Oft wird die Kastration einseitig beleuchtet: Wie wunderbar, dass man mit der Läufigkeit der Hündin keine Scherereien hat – vielleicht wird Ihre Hündin aber als Spätfolge der Kastration inkontinent und muss im Alter täglich Tabletten nehmen? Das Fell verwandelt sich wieder zurück in ein Welpenfell und ist doppelt so pflegeintensiv als zuvor? Oder Ihr sanfter Rüde, der sich für Hündinnen nie sonderlich interessiert hat, wird nach der Kastration auf der Hundewiese von fremden Rüden berammelt? In vielen Fällen ist eine Kastration sinnvoll oder gar notwendig, hier sollten Sie jedoch unbedingt Wert darauf legen, dass der Hund zu einem Zeitpunkt kastriert wird, in dem er schon die Entwicklung zum erwachsenen Hund durchgemacht hat. Ein ewiger „Teenager" kann durchaus ein guter Warnhund sein, aber der zuverlässigere, nervenstarke Arbeiter ist oft der „gestandene Hund".

Egal was andere sagen –
Sie entscheiden für sich und Ihren Hund, was das Beste ist.

Eine Welt der Gerüche

Wie Hunde riechen – Die olfaktorische Wahrnehmung

Hunde zählen zu den Nasentieren (Makrosmatikern). Wesentlich empfindlicher als beim Menschen ist die Nase des Hundes. Der ausgeprägtere Geruchssinn ist schon an der Anzahl der Riechzellen erkennbar, wobei es zwischen den Hunderassen erhebliche Unterschiede gibt. Vereinfachte Faustregel: je breiter und länger die Hundeschnauze, desto besser das Riechvermögen. So hat der Mensch fünf Millionen Riechzellen, der Dackel 125 Millionen und der Schäferhund 220 Millionen.

Zur Beurteilung der Riechleistung reicht das aber bei Weitem nicht aus: Messungen haben ein im Vergleich zum Menschen etwa eine Million Mal besseres Riechvermögen ergeben. Der Hund kann in kurzen Atemzügen bis zu 300 Mal in der Minute atmen, sodass die Riechzellen ständig mit neuen Geruchspartikeln versorgt werden.

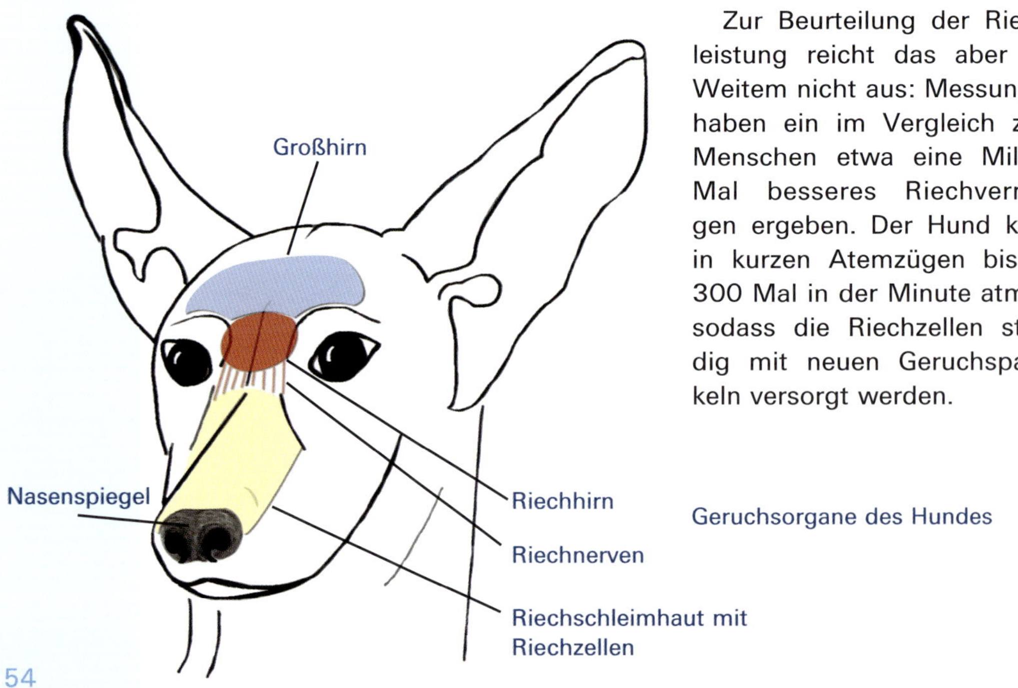

Geruchsorgane des Hundes

Eine ebenso wichtige Rolle spielt das Gehirn. Hier werden die eintreffenden Daten verarbeitet und ausgewertet. Da die Nase (ähnlich wie beim Sehen) rechts und links differenzieren kann, können Hunde „stereo“ riechen. Auf diese Weise ist der Hund fähig, die Richtung eines Geruchs zu beurteilen. Er kann aus einer Vielzahl von Gerüchen den einen gefragten herausfiltern (Diskrimination). Einmal kennengelernt, kann er sich über Jahre daran erinnern. Das Riechhirn ist im Vergleich zu dem des Menschen riesig, denn es macht allein zehn Prozent des Hundehirns aus (im Vergleich: ein Prozent beim Menschen). Hunde „schmecken“ Gerüche auch über das Jacobsonsche Organ (Vomeronasalorgan), das sich im Gaumen befindet. Dieses transportiert die aufgenommene Information sofort an das Limbische System. Es ist für die Entstehung von Gefühlen, das Triebverhalten und für die Bildung von Hormonen verantwortlich.

In der Fachzeitschrift *Behavioural Processes* veröffentlichte der Studienleiter Dr. Gregory Berns von der Emory University in Atlanta, Georgia, ein Experiment zum Thema Geruchserkennung bei Hunden. Er wollte zeigen, dass ein dem Hund vertrauter Geruch wie ein Parfüm im Gehirn des Hundes verankert ist. Ein Mensch kommt nach Hause, der Hund sieht ihn, springt ihn an, leckt ihn ab und weiß, dass ihm nun gute Dinge widerfahren werden. In Berns Experiment waren nun diese Duftspender, die vertrauten Personen, nicht physisch anwesend. Zwölf Hunden (mit Gehirnsensoren versehen) wurden fünf verschiedene Duftproben vorgelegt, unter anderen von einem ihnen bekannten Hund und der vertrauten Person. Die Ergebnisse zeigten, dass alle fünf Düfte ähnliche Reaktionen im Hirn der Hunde auslösten, mit Abstand aber am stärksten die für die Bezugsperson, gefolgt von dem bekannten Hund. Die Folgerung ist, dass der Hund den Geruch der Belohnung (durch Spiel, Nahrung, Zuwendung, etc.) sogar höher bewertet als einen bekannten Artgenossen. Eine weitere Überraschung ergab sich ganz nebenbei: Die Hunde des Experiments, die als Assistenzhunde genutzt wurden, zeigten eine weitaus größere Gehirnaktivität bei dem Duft der vertrauten Person als die restliche Gruppe.[14] Dies könnte darauf zurückzuführen sein, dass durch das positiv besetzte Training die Erwartungshaltung / Motivation größer ist und weitaus engere Bindung an den Besitzer vorliegt.

14 www.telegraph.co.uk, Lifestyle/Pets, Padraic Flanagan, 19. März 2014

So sind Hunde uns Menschen in ihrem Geruchssinn Welten voraus. Wir sind nicht annähernd in der Lage, nachzuvollziehen, wie viele Informationen sich aus Geruch ablesen lassen können. Selbst professionelle Weinverkoster oder Parfumeure haben nur eine geringe Anzahl sprachlicher Definitionen, um die Qualität der Gerüche zu unterscheiden.

Eigenschaften von Geruchspartikeln

Unser „unsensibler" Geruchssinn macht es uns auch nicht gerade leicht, uns Geruch vorzustellen oder nachzuempfinden, geschweige denn Geruchsverhalten wahrzunehmen oder zu interpretieren. Eine uns gänzlich unbekannte, aber sehr spannende Welt! Während wir den Geruchssinn lediglich nutzen, um, vereinfacht ausgedrückt, erste Eindrücke zu erhalten, benötigt der Hund diesen zur Lokalisierung wichtiger Objekte wie etwa Futter oder Markierungen durch andere Hunde. Nun besitzen Hunde die Gabe zu lernen, welche Gerüche für uns wichtig sind. Das Prinzip ist stets das gleiche: Ein Geruch wird für den Hund so positiv verknüpft, dass er immer bereit ist, diesen zu suchen und anzuzeigen. Sprengstoffhunde werden mit TNT Geruchsproben, Jagdhunde mit Schweißspuren (Blut) konditioniert, der Diabetikerwarnhund in Folge auf den „diabetischen Geruch". Hierzu benutzen wir Geruchsproben, die dem Diabetiker während einer Über- und/oder Unterzuckerung mit Hilfe eines Zelltupfers aus dem Atem, Schweiß oder Speichel abgenommen werden. Damit wir, die wir in der Welt der Gerüche quasi „orientierungslos umherirren", im Training nicht unbeabsichtigt Fehler machen, sollten wir uns damit auseinandersetzen, wie sich diese Gerüche verhalten.

In seinem Buch *Hundeverstand* hat John Bradshaw recht anschaulich zusammengefasst, wie wir uns Geruchsverhalten vorzustellen haben. „Gerüche verhalten sich nicht wie Licht- oder Klangwellen, sondern sind viel weniger vorhersehbar. Die Rate, mit der sie in der Luft gelangen, variieren je nach Temperatur, Feuchtigkeit und Art der Oberfläche, von der sie kommen. Auch Geschwindigkeit und Richtung, mit der bzw. in die sich Gerüche bewegen, sind viel zufälliger als bei Licht oder Klang."[15]

15 John Bradshaw, *Hundeverstand*, in Kynos Verlag, 2012, S. 237

Was bedeutet dies nun für unseren Hund in Bezug auf den „diabetischen Geruch"?

Stellen Sie sich im Folgenden drei Situationen vor:

Die Online-Redakteurin Frau Karges sitzt im Büro am Schreibtisch. Heute ist ein stressiger Tag für sie, deshalb hat ein netter Arbeitskollege ihren Diabetikerwarnhund für den Mittagsgang mit hinausgenommen. Frau Karges hat ihre Tür geschlossen, damit sie auch wirklich Ruhe hat. Der Hund betritt nach dem Spaziergang das Büro von Frau Karges. Sie hat seit einer dreiviertel Stunde eine leichte Überzuckerung, wohl stressbedingt. Der Hund fängt sofort den Geruch ein und macht die Quelle sehr schnell ausfindig. Durch die geringe Luftzirkulation konnten sich die Geruchspartikel um Frau Karges wunderbar sammeln. Zudem sitzt sie in einer Ecke, aus welcher die Partikel nur schwerlich entweichen konnten. Sie befindet quasi in einer Geruchspartikel-Wolke.

Verteilung von Geruchspartikeln im geschlossenen Raum.

In der nächsten Situation arbeitet Herr Klobe draußen in seinem Garten. Das Wetter ist herrlich warm, eine leichte Brise weht, deshalb nutzt er die Gelegenheit und jätet das Unkraut in allen Beeten. Sein Hund liegt in der Nähe und döst vor sich hin. Plötzlich fängt der Hund einen Unterzuckergeruch ein, hebt den Kopf und beginnt seine Suche nach der Quelle. Er hält seine Nase in die Luft, um zunächst alle Informationen einzusammeln. Die Geruchspartikel haben sich bereits durch die warme Temperatur und den Wind im linken Gartenbereich dreidimensional verteilt. Sie sind an windgeschützten Gebüschen hängen geblieben, kleben an leichten Bodenerhöhungen. Der Hund saugt die Luft durch die feuchte Nase hörbar ein und sammelt somit Informationen über Richtung, Geruchsstärke und Windverhältnisse. Für uns nicht wahrnehmbar, verfolgt er die Geruchspartikel und deren Ansammlung. Hat er sie verloren, wird er zu dem Punkt zurückkehren, an dem er sie zum letzten Mal gerochen hat, und neu ansetzen. Aus diesem Geruchspuzzle kann er die Quelle in Sekundenschnelle eingrenzen. Nähert er sich der Quelle und der Geruch nimmt überdurchschnittlich zu, nutzt er zusätzlich seine Augen, um den Hinweisen ein Bild zu geben. Ein erfahrener Diabetikerwarnhund wird sehr schnell und zielstrebig zu seinem Menschen gehen, denn durch die Routine weiß er, dass dieser meist die Quelle ist (ausgebildete Hunde zeigen auch bei fremden Diabetikern Blutzuckerschwankungen an). Ein noch nicht so erfahrener oder noch in der Ausbildung befindlicher Hund wird zunächst nach allen Regeln der Kunst die Geruchspartikel einsammeln, orten, auswerten, bis er seinen Menschen oder die Geruchsprobe gefunden hat. Lassen Sie sich deshalb

So verhalten sich Geruchpartikel bei leichtem Wind.

nicht davon irritieren, wenn der Hund nicht exakt Ihrer Spur folgt, manchmal über das Ziel hinausläuft und im großen Bogen zurückkehrt, in Ecken oder windgeschützten Bereichen lange schnüffelt. Er wertet dabei aus und geht vor wie bei dem Spiel „kalt-wärmer-heiß".

Anhand von Juliane zeigen wir ein weiteres Beispiel, wie unvorhersehbar sich Geruchspartikel verhalten können. Es ist Winter und Juliane, zehn Jahre, hat sich dick angezogen, um draußen im Schnee mit ihren Geschwistern zu spielen. Ihre Mutter hat darauf geachtet, dass sie wirklich bis zur Nasenspitze eingepackt ist und hat sie vor dem Rausgehen noch einmal kurz gemessen. Alles in Ordnung. Die Kinder toben durch den Schnee. Durch die körperliche Anstrengung entwickelt sich ein Unterzucker, schneller als gedacht. Jody, Julianes Diabetikerwarnhündin, spielt mit den Kindern im Schnee. Erst nach zehn Minuten setzt sie sich vor Juliane und zeigt Unterzucker an. Weshalb so spät? Julianes Geruchspartikel können nur durch die ungeschützten Stellen am Kopf und durch den warmen Atem entweichen. Diese wärmere Luft steigt zunächst wie eine Röhre über Juliane auf. Der Hund hält sich jedoch auf Beinhöhe auf und die Geruchspartikel erreichen ihn zunächst nicht. Erst durch die feuchte, kalte Außenluft kühlen die Partikel ab und werden mit der Zeit abwärtsgedrückt, allerdings durch das Toben der Kinder auch ordentlich verteilt. In diesem Moment riecht der Hund zum ersten Mal den Unterzucker und versucht nun, die Quelle zu orten. Dies ist in Anbetracht der für ihn unerreichbaren Röhre, der Geruchsquelle, eine echte Herausforderung.

Bei Kälte und viel Kleidung entsteht eine Säule aus Geruchspartikeln.

Kurz und knapp – Grundlagen des Trainings

Ein gewagtes Kapitel, würde doch das Thema selbst ganze Bücher füllen – uns ist es wichtig, dass Sie wissen: Hundeerziehung ist kein Buch mit sieben Siegeln!

Ein Hund ist ein Hund

Sehen und behandeln Sie Ihren Hund als das, was er ist: Ein Hund. Er wurde seit Generation darauf selektiert, Aufgaben zu erfüllen, die wir Menschen ihm zugedacht haben: Hüten, Apportieren, Suchen, Schützen ... die Hunde, die ihre Aufgabe am besten und mit der größten Begeisterung erledigt hatten, wurden verpaart. Heute dagegen ist das Gros der Hunde zur ewigen Freizeit verdammt – dabei hätten viele nichts lieber als eine große Aufgabe, die sie erfüllen können und die sie erfüllt.

Ein kleines Beispiel: Die Begebenheit ist schon viele Jahre her. Ein ausgelassener Nachmittag an einem See, einige junge Hunde, albern, kräftig und voller Energie. Und Ramses, ein Kurzhaar Collie am Ende seines Lebens. Mit steifen Beinen betrachtete er das junge Gemüse, das am Strand einem Tennisball hinterher donnerte. Dann warf sein Besitzer, ein echter Hundemensch, den Ball. Nicht in die Richtung, die er für die jungen Hüpfer angetäuscht hatte. Alle waren samt und sonders bereits kopflos davon gestürzt, der Ball aber flog in die Gegenrichtung. Ramses nutzte seine Chance und seinen Vorsprung, sprintete los, schnappte sich den Ball und kehrte zu seinem Hundeführer zurück. Er war so stolz, wie ein Hund nur sein kann. Für nichts auf der Welt hätte er den gammligen Tennisball eingetauscht, den er mit erhobenem Kopf und federndem Gang, soweit es die alten Knochen eben noch zuließen, seinem Menschen zurückbrachte. Was ihn glücklich machte, war nicht die Tatsache, dass er hinter einem Bällchen hergelaufen war. Im Laufe seines langen Lebens hatte er Spaß mit abertausenden Bällen. Er war stolz, dass er wichtig war, etwas leisten konnte und seinem Führer bewiesen hatte, dass er viel besser zu gebrauchen war, als die anderen Hunde. Zwei Wochen später endete sein langes Leben, das viele dieser kleinen Triumphe zu einem glücklichen gemacht hatten.

Dazu gehört natürlich ein Teampartner – Ihr Hund braucht keinen Menschen, der Befehle und Kommandos „ausspuckt“, sondern einen Anführer, der die für Hunde so unverständliche Welt mit Struktur und Regeln erfüllt. Der dem Hund Verantwortung abnimmt und ihn in keiner Situationen alleine stehen lässt. Einen Chef, der eine Hierarchie im positiven Sinne lebt: Er ist der Chef, weil er der intelligenteste, der ausgeglichenste, stets gerechte und der mächtigste ist. Dabei geht es zu keiner Zeit darum, einen Hund mit Hilfe von Gewalt und Gehorsamsübungen unterzuordnen und klein zu machen. Wachsen Sie doch besser über sich selbst hinaus – und werden Sie zu dem Hundeführer, dem Ihr Hund vertrauensvoll und fröhlich folgen will.

Das Zauberwort heißt nicht, „mein Hund muss lernen, dass ...“ sondern: „Wie muss ich mich verhalten, damit mein Hund das gewünschte Verhalten zeigen kann?

Wie werde ich meinem Führungsanspruch gerecht?

Stellen Sie sich vor, Sie würden morgen zur Arbeit gehen und hätten auf einmal einen neuen Chef. Er würde dauernd meckern, nie oder nur selten loben. Er verteidigt Sie nicht gegen Kollegen, die gemein zu Ihnen sind, macht selbst aus Ihrem Blickwinkel betrachtet nur Unsinn. Wie groß wäre Ihre Bereitschaft, für diesen Chef Ihr letztes Hemd zu geben?

Mythos Hund, die erste ...

Es gibt in Literatur, Film und Fernsehen unzählige Beispiele von Hunden, die an Gräbern wachen, Hunderte von Meilen überwinden oder geradezu „Übermenschliches" leisten, nur, um ihren Besitzern nahe zu sein, denn: „Der Hund bleibt dir im Sturme treu, der Mensch nicht mal im Winde!"

So schön sich die Mensch/Hund Beziehung im Sprichwort darstellt, im Stadtpark hat man dann doch oft ein anderes Bild vor Augen: Die treuen Gesellen zerren wie die Wahnsinnigen an der Leine, und sind sehr oft, einmal losgelassen, gar nicht mehr treu. Dazu braucht es nur einen anderen Hund, einen Hasen, eine Katze oder Ball spielende Kinder: Aus der Traum! Der treue Freund verschwindet mit wehenden Ohren am Horizont.

All diese Hunde haben keinen Defekt, es ist nur leider so, dass sie weder „Lassie" gesehen noch eine Sprichwortsammlung zum Thema Hund in ihrem Körbchen haben. Das Handeln jedes Hundes ist nicht etwa durch Moralvorstellungen geprägt: Der Hund tut stets das, wovon er denkt, es würde seine persönliche Situation verbessern. Einleuchtend? Eigentlich nicht, denn dann wären alle Hunde folgsam, weil sie es ja besser hätten: sie dürften öfter von der Leine, Frauchen wäre nicht mehr so böse, wenn sie wieder weggelaufen wären, würden immer Leckerchen und nie Ärger bekommen. Leider, leider lernen unsere Hunde durch Verknüpfung:

Die Katze zu jagen – bringt riesigen Spaß.
Zum Frauchen zurückkehren – ich komme an die Leine.
Dem Hasen hinterherflitzen – irre, ich bin der weltgrößte Jäger.
Zum Frauchen zurückkehren – wir gehen nach Hause, der Spaß ist vorbei.

Zusammenfassend kann man sagen: Gestalten Sie jedes Training so, dass der Hund zur Überzeugung kommt, dass keine Ablenkung so vielversprechend ist wie die Zusammenarbeit mit Ihnen.

Mythos Hund, die zweite ...

Wie wir ja bereits wissen, ist unser heutiger Hund ein Produkt von rund 150 Jahren Rassehundezucht und einigen Jahrtausenden Koevolution[16]. Er besitzt herausragende Fähigkeiten, von denen eine jedoch stets vernachlässigt wird: Der Hund kann seine Menschen nahezu perfekt lesen. Er versteht von der menschlichen Sprache nur Rudimente, kann sich jedoch in Sekundenschnelle auf unsere Stimmungen und unsere körpersprachlichen Aussagen einstellen, was für diesen perfekt angepassten Vierbeiner Segen und gleichzeitig auch Fluch bedeutet.

Aufgrund dieser Fähigkeiten des Hundes fühlen wir uns von ihm verstanden und geliebt. Ihm können wir ohne Angst emotional nahe kommen, er bewahrt Geheimnisse und ist stets für uns da – „auf einer Wellenlänge". Der Fluch jedoch manifestiert sich in einem fatalen Satz: „Er weiß genau, was er falsch gemacht hat!"

Egal, was der Hund getan hat und wie viel Zeit seitdem vergangen ist: Der ärgerliche Besitzer, auf dessen katastrophale Stimmungslage der Hund reagiert, ist sich ganz sicher: Wäre der Hund nicht schuldbewusst, würde er sich nicht so verhalten. Er würde nicht duckmäuserisch und jämmerlich daherkommen – ergo: Er hat eine gerechte (!) Strafe verdient.

Was den Hund nun völlig aus dem Konzept bringt – gerade um Sanktionen zu vermeiden, hat er sich ja so verhalten. Dass seine beschwichtigenden Signale bei seinem Menschen „verkehrtherum" ankommen, wird ihm leider nie klar werden.

Sollten auch Sie jemals in Versuchung geraten, Ihrem Hund zu unterstellen, dass er bestimmte Dinge nur wider besseres Wissen tut oder gar um Sie zu provozieren, dann versuchen Sie zu verstehen, dass Ihr Hund ein Hund ist.

Er tut nichts ausschließlich dazu, um Sie zu ärgern.
Er tut nichts, um Sie vor anderen zu blamieren.
Er kann nicht lesen und nicht schreiben und versteht nur sehr wenige Worte der menschlichen Sprache.

16 Die Gemeinschaft von Hund und Mensch ist eine der ältesten bekannten Mensch/Tier Beziehung. Es handelte sich hierbei jedoch nicht um eine Domestizierung im klassischen Sinne: Wolf und Mensch näherten sich aufgrund von gleicher Lebensweise und übertragbaren Sozialstrukturen an.

Der Hund tut lediglich das, wovon er denkt, es würde seine persönliche Situation verbessern.

Wir wünschen uns sehr, dass Ihnen diese Worte wieder einfallen, wenn Sie nach Hause kommen und entdecken, dass Ihre Lieblingsschuhe keinen Absatz mehr haben oder der Inhalt der Mülltonne in der ganzen Küche verteilt ist. Würden Sie den Hund jetzt bestrafen, ist Ihr Verhalten für Ihren Hund gänzlich unverständlich. Er kann für sich nur ableiten, dass es Situationen gibt, in denen er Ihnen lieber aus dem Weg geht.

Ausdrucksverhalten des Hundes

Stellen Sie sich vor, Sie beobachten einen Politiker, der nach einem Wahldebakel zu seinem wartenden Dienstwagen geht. Fünf Minuten später geht über dieselbe Strecke der strahlende Gewinner. Wird man wohl rein optisch einen Unterschied in seiner Bewegung feststellen? Einen großen? Wenn Sie nun sagen: „Klar!", haben Sie natürlich recht.

Aber stellen Sie sich bitte jetzt zwei jüngere Schulkinder vor: Eines mit einer Sechs in der Mathearbeit im Schulranzen, das andere mit einem eben erhaltenen Zeugnis in dem nur Einsen und Zweier zu finden sind. Bei diesen beiden ist der Unterschied um ein Vielfaches deutlicher: Unser Einserkandidat hüpft und springt, während die verhauene Schulaufgabe einen Zentner zu wiegen scheint. Der arme Schüler schleicht „wie ein geprügelter Hund" nach Hause. Dieser Terminus kommt nicht von ungefähr: Einem Hund ist es stets anzusehen, wie er sich fühlt!

Bei uns Menschen dagegen ist es Teil des Sozialisierungsprozesses, dass wir von unserem körpersprachlichen Ausdrucksverhalten nach und nach Abstand nehmen. Man lernt schon früh „Haltung zu bewahren" und bekommt in schwierigen Situationen gesagt „Kopf hoch!" – Selbstverständlich ist es unserem enttäuschen Politiker vom Beginn des Textes sehr wohl anzumerken, dass er über den Wahlausgang nicht erfreut ist. Aber er wird sich nicht mit vorgeschobener Unterlippe, hochgezogenen Schultern und verschränkten Armen den Journalisten stellen, sondern versuchen, trotz allem souverän und gefasst zu wirken.

Während wir versuchen, unseren Körper möglichst so unter Kontrolle zu haben, dass er von unserem Innersten nicht zu viel verrät, ist bei unserem Hund die Sachlage direkt umgekehrt. Selbstverständlich nutzt der Hund auch akustische Elemente (Knurren, Bellen, Jaulen) und Gerüche (Läufigkeit der Hündin, Markieren von Rüden) in der Kommunikation. Sein Hauptausdrucksmittel ist jedoch eine feine, vielschichtige Körpersprache.

Wenn Sie sagen: „Aber der Hund meldet doch später durch die Anzeige, das ist doch unübersehbar." Dann haben Sie natürlich Recht. Der Weg dahin kann aber nur erfolgreich sein, wenn Sie Profi im „Lesen" des eigenen Hundes werden.

Ein Hund kann sich in einer riesigen Bandbreite ausdrücken: Bei manchen Hunden wedelt nicht nur die Rute wie ein Propeller, sondern das ganze Hinterteil wackelt vor lauter Freude, andere scheinen, steifbeinig mit gefletschten Zähnen, gesenktem Kopf und gesträubtem Fell einem Horrorfilm entsprungen. Dieses Verhalten weiß jeder Laie direkt zu deuten. Wichtig für uns sind aber die leisen Zwischentöne um den Hund gut zu trainieren: Ist er im Zwiespalt, verunsichert, oder weiß er, was jetzt als Nächstes kommt und hat die Lösung schon lange? Aber auch später müssen Sie in der Lage sein, genau hinzusehen: Beeindruckt ihn eine Situation vielleicht so sehr, dass er sich nicht traut, direkt in die Anzeige zu gehen? Fragt er nach, ob er anzeigen soll? Mit anderen Worten: Je besser Sie Ihren „Mitarbeiter Hund" verstehen, desto erfolgreicher sind Sie mit Ihrem Hund als Team. Natürlich sind Führer von Diabetikerwarnhunden nicht die Einzigen, die sich für das Ausdrucksverhalten des Hundes interessieren. Im Jahr 2001 beschrieb Turid Rugaas von ihr als Beschwichtigungssignale[17] bezeichnete Verhaltensweisen:

- *Gähnen*
- *den Kopf abwenden*
- *sich abwenden (Schulter oder ganzer Körper)*
- *Züngeln, also sich über die Nase lecken*

17 Turid Rugaas: *Calming Signals. Die Beschwichtigungssignale der Hunde.* 2001

- *auf dem Boden schnüffeln (Entdeckung des interessantesten Grashalms der Welt)*
- *Pfote heben*
- *im Bogen gehen*
- *Augen zusammenkneifen*
- *einfrieren*
- *langsame Bewegungen*
- *Vorderkörper tiefstellen (sich strecken)*
- *sich hinsetzen oder hinlegen*

Diese stehen jedoch zunehmend unter Beschuss: Nach der Diplomarbeit von Frau Meyer[18] spricht Günther Bloch sogar von einem „grassierenden Beschwichtigungswahn". In der Arbeit wurde nachgewiesen, dass es sich bei ausgewählten Beschwichtigungssignalen nicht um bewusste Kommunikation handelt. Es wurde jedoch auch nicht festgestellt, dass es sich bei den Signalen um den Ausdruck reiner Freude handelt! Vielmehr sind es Stresssignale, die auf innere Konflikte schließen lassen.

Für den praktischen Einsatz ist es aus unserer Sicht zu vernachlässigen, wo welches Signal wissenschaftlich zugeordnet wird. Wichtig ist, dass erkannt werden kann, wenn ein Hund mit einer Situation überfordert ist. Dies kann bedeuten, dass eine Trainingssequenz anders und neu aufgebaut werden muss. Oder schlicht, dass Ihr Hund in einer Situation (Volksfest, Freizeitpark, viele unfreundliche Hunde o.ä.) nicht in der Lage ist, zu melden, Sie also auf sich gestellt sind und lieber öfter messen sollten.

Bestimmt sind Sie jetzt hochmotiviert, haben vielleicht schon Zettel und Stift bereitgelegt um sich die wichtigsten Signale zu notieren. Leider hat die Sache einen kleinen Haken: Zunächst sind die Signale individuell ausgeprägt und je nach phänotypischem Erscheinungsbild manchmal „verfälscht"[19] oder auch kaum zu erkennen.

18 Mira Meyer, 2006: *„Die Beschwichtigungssignale der Hunde, Untersuchung ausgewählter Signale in einer frei lebenden Hundegruppe"*

19 Dies gilt nicht nur für Hunde: Delfine scheinen stets vergnügt zu lächeln, wogegen ein Adler immer ernst und entschlossen wirkt – auch wenn er vielleicht ein lustiger Vogel ist.

Die Parson Terrier Hündin Lilly wirkt durch die hoch getragene Rute und die Kippöhrchen stets frech und keck, selbst wenn sie neutral gestimmt ist. Wolfspitz Kira dagegen gleicht einer gigantischen flauschigen Kugel. Welche Körpersprache unter den Fellmassen stattfindet, ist oft schwer zu erkennen.

Ein weiterer kleiner Haken ist, dass die einzelnen Signale oft nur im Kontext gedeutet werden können, was die zweidimensionale Darstellung über Fotos schwierig macht: Zum Gesichtsausdruck gehört eine Rutenhaltung, zu steifen Beinen gehört eine Neigung des Kopfes, zu angelegten Ohren ...

An den folgenden Beispielen können Sie sehen, dass man, etwas Übung vorausgesetzt, die Körpersprache eines Hundes hervorragend lesen kann. Dies ist für Sie ein „fulltime-job", denn der Hund knipst seine Kommunikation nicht aus oder an: Selbst wenn er scheinbar von A nach B läuft, ist sichtbar, „was er im Schilde führt".

Der Labradorrüde „Tomtom" bummelt über das Feld, entspannt, mäßig an der Umwelt interessiert, vergnügt. Der Körper ist weich, der Kopf gesenkt, ... ganz anders der Eindruck auf dem nächsten Bild:

Hier fesselt etwas seine Aufmerksamkeit, der Körper ist voller Spannung, wirkt im Vergleich zum ersten Bild eher quadratisch, der Kopf erhoben, der Fang geschlossen, die Rute wird etwas höher als die Rückenlinie getragen, was denken Sie? Startet er gleich durch, zu dem Objekt das er eben entdeckt hat? Gut möglich.

Im Folgenden laden wir Sie ein, die kleine Toffie auf einem ihrer ersten Ausflüge in die Stadt zu begleiten, diese und ähnliche Situationen werden auch Ihnen bzw. Ihrem Warnhund begegnen und Sie als „Teamleiter" müssen entscheiden: Braucht der Hund Unterstützung? Ist die Situation zu stressig? Ist der Hund so beschäftigt, dass er gar nicht arbeiten könnte?

Natürlich ist jede Konstellation und jeder Hund anders, uns geht es darum, Ihren Blick darauf zu lenken, wie Ihr eigener Teampartner „tickt". Je besser Sie ihn „lesen" können, desto erfolgreicher wird Ihre Zusammenarbeit sein.

Aber sehen Sie selbst:

Kaum aus dem Auto gestiegen, hat Toffie eine Taube entdeckt. Das beruht auf Gegenseitigkeit und die Taube vergrößert rasch ihren Sicherheitsabstand. Toffie steht vor:

Der komplette Hund hat sich in ein Hinweisschild Richtung Taube verwandelt. Die Hündin ist bereit nachzusetzen, das Gewicht hat sie bereits auf die Vorderhand verlagert. Die Rute ist in Höhe der Rückenlinie erhoben, der Kopf ist oben, die Ohren nach vorne orientiert. Sehen Sie, wieviel Spannung im Körper ist?

Zwei Schritte weiter ist alles anders:

Toffie hat etwas entdeckt, was sie nicht einordnen kann. Die eben noch hoch getragene Rute hängt herunter, das Gewicht ist gleich auf alle Pfötchen verteilt, die Ohren hängen seitlich am Kopf herunter, der Fang ist geschlossen.

Hier sehen Sie den Hund noch näher an dem fraglichen Objekt. Toffie kennt Pferde, aber so etwas hat sie noch nie gesehen: Die Pferde sind verpackt, rasseln mit Ketten und bewegen sich nicht wie sonst, sondern sehr, sehr merkwürdig. Das ist ihr anzusehen: Der Kopf ist nur noch auf Höhe des Rückens, der Hund wirkt rechteckig, die Ohren hängen, der Fang ist zwar geöffnet, die Mundwinkel aber nach hinten gezogen.

Wäre es nötig, könnte sie sich aus dem breitbeinigen Stand direkt davonmachen. Würde das passieren, wenn die Kutsche losfährt? Sehen Sie selbst, was Toffie von der fahrenden Kutsche hält:

Auf einmal ist der Kopf wieder oben, die Ohren nach vorne gerichtet, der Hund wirkt insgesamt eher quadratisch. Spannenderweise sind die Pferde in Bewegung vertrauter und somit auch die Situation im Ganzen. Kaum ist die Kutsche weg, erscheint unvermittelt ein anderer Hund:

Die Mixhündin scheint widersprüchliche Signale auszusenden: Die Beine sind steif – der Kopf jedoch gesenkt, die Rute wird hoch über dem Rücken getragen – sie leckt sich aber beschwichtigend über den Nasenspiegel, die Ohren sind nicht nach vorne gerichtet, dennoch steuert sie direkt auf Toffie zu. Hier zeigt sich, dass ein einziges Foto für eine Analyse der Körpersprache eher schlecht geeignet ist, entscheidend wäre hier, wo genau die Mixhündin hinsteuert: Auf Toffies Schulterblatt? Schneidet sie ihr den Weg ab? All dies würde die Aussage verändern. Die junge Labradorhündin ist sehr höflich: Der Körper weich, der Kopf gesenkt, die Rute wedelt unterhalb der Rückenlinie, die Ohren sind artig nach hinten gelegt. Toffie hat die Begegnung gemeistert, als Warnhund gehört dies jedoch nicht zu ihren Aufgaben.

Hundebegegnungen sollten Sie prinzipiell kontrollieren. Freilaufende Hunde werden von Ihnen geblockt, Kontakt an der Leine sollte generell unterbleiben, egal ob Warn- oder Familienhund. Dies heißt natürlich nicht, dass Ihr Hund keinen Hundekontakt haben soll, im Gegenteil: Er soll wissen, wenn die Freigabe kommt, stehen ihm angenehme Begegnungen bevor. Einen Satz „heiße Ohren" wird er in Ihrer Gegenwart nicht kassieren. Ihr Warnhund soll wissen, dass er sich ausschließlich auf seine Warnaufgabe konzentrieren kann. Alles andere regeln Sie. Klare Aufgabenteilung zeichnet jedes erfolgreiche Team aus. Stellen Sie sich vor, der Koch in einem Sterne-Restaurant müsste zusätzlich zum Kochen nach den Gästen sehen – das geht ja gar nicht, denken Sie wahrscheinlich. Genau, nur weil er sich auf den Service verlassen kann, ist es ihm möglich, am Herd zu bleiben und dort zu zaubern.

Toffie auf scheinbar unsicherem Untergrund.

Hier sieht man auf den ersten Blick, dass etwas gewaltig im Argen liegt. Ohne auf den Untergrund zu achten ist Toffie dem Hundeführer gefolgt und steht nun das erste Mal im Leben auf einem Gitter: Es geht nicht mehr vor und zurück – der Hund ist nur noch halb so hoch, trotzdem ist der Kopf noch weit unter der Rückenlinie, die Anspannung drückt sich nicht nur in den gespannten Muskeln aus, sondern zeigt sich in der erhobenen Rute. Das Gesicht ist regelrecht verzerrt, die Ohren hängen. In dieser Situation wäre es besser gewesen, den Hund auf das Gitter hinzuweisen und so über ein Eck zu laufen, dass jeweils nur eine Pfote aufsetzt. Ein Hund in dieser Verfassung ist in der Regel nur noch schwer zu „erreichen“. Toffie dagegen hat das schaurige Gitter schnell gemeistert und sieht nun etwas wirklich Merkwürdiges:

Wenn Sie jetzt denken, lustig, sieht aus als würde sich der Hund am Kopf kratzen, liegen Sie genau richtig: Ein fahrender Stuhl, der noch dazu so einen Krach macht? Was soll das sein? Die entspannte Haltung von Toffie zeigt, sie ist weder ängstlich noch beunruhigt, aber es ist augenfällig, dass sie nicht auf offener Straße vom Juckreiz übermannt wird: Eine Übersprungshandlung zeigt uns hier, sie weiß nicht, was sie von dieser Situation halten soll.

Nun wird es richtig gruselig – zartbesaitete Gemüter aufgepasst – der Strohochse! Toffie hat das Gebilde aus der Entfernung nicht als gefährliches Tier identifiziert, erst als sie ganz nah steht, trifft sie ein Blick aus den riesigen Augen.

Erinnern Sie sich noch an die Haltung auf dem ersten Bild, die Taubenjagd? Auch hier war ein Bein erhoben und das Gewicht verlagert, der Hund jedoch komplett nach vorne orientiert, hier dagegen liegt das ganze Gewicht auf der Hinterhand, die Rute hängt, das Gesicht wie versteinert, der Fang fest geschlossen, die Ohren hängen. In so einer Situation braucht ein Hund dringend Ihre Unterstützung. In einem ersten Schritt könnten Sie sich z.B. zwischen den Hund und die vermeintliche Gefahrenquelle stellen. Hat sich der Hund etwas gefangen und ist aufnahmefähiger, können Sie zeigen, dass vom Ochsen keine Gefahr ausgeht, tätscheln sie ihn oder halten sie dem Ochsen die bedrohlichen Augen zu und zeigen Sie so Ihrem Hund, dass seine Bedenken unbegründet sind: Sie haben, wie immer, die Situation im Griff.

Begegnen Sie Ihrem ängstlichen Hund nie mitleidig, sondern gehen Sie mit gutem Beispiel voran und sorgen Sie so dafür, dass er sich an Ihnen orientieren kann.

Ganz gleich ob der Hund einem Strohochsen begegnet, von freundlichen Passanten gestreichelt wird oder aus dem Häuschen ist, weil er eben angezeigt hat, er muss die Sicherheit haben, dass auf seinen Teampartner Mensch Verlass ist. Nur wenn Sie sehen, wie der Hund sich fühlt, können Sie wissen, was er braucht und angemessen reagieren. Toffie zum Beispiel braucht nach so viel Aufregung eine Pause mit Rückendeckung.

Schon bietet sich wieder ein komplett anderes Bild: Entspannt lümmelt sie in der Nähe des Hundeführers (ein Weggehen aus der Situation würde eine – im Vergleich zu der vorangegangenen Szene – eher lange Zeit in Anspruch nehmen), der Fang ist geöffnet, die Ohren nach vorne gerichtet, schon wieder bereit etwas Neues zu entdecken.

Diese Beispielfotos sollen Sie aber vor allem dazu anregen, Ihren Hund während des Trainings genau zu beobachten. Das „Mitlesen" Ihres Hundes während der Trainingssituationen ist etwas schwieriger, da die Signale selten so deutlich gesetzt werden, wie in den eben gezeigten Umweltsituationen. Dennoch haben wir hier ein Beispiel für Sie:

Vicky kann den Geruchsträger nicht finden. Deutlich ist ihr anzusehen, dass sie, wenn sie keine Unterstützung bekommt, nicht weiß, wo sie noch suchen soll: Rute und Ohren hängen, eine Pfote ist erhoben, die Mundwinkel sind nach hinten gezogen. Für uns ist der weiße Träger leicht zu erkennen, Vicky hatte auch bereits einige Partikel in der Nase, aber nun ist der Tupfer für sie olfaktorisch nicht mehr zu entdecken. Wird sie jetzt motiviert weiter zu suchen, oder bekommt sie gar einen kleinen Hinweis, ist die Freude nach dem Finden umso größer und beim nächsten Mal, wenn es schwierig wird, wird sie länger zuversichtlich am Ball bleiben können. Vicky wird lernen, dass es sich immer lohnt, nach dem Geruch zu suchen, auch wenn zunächst nur einzelne Partikel wahrnehmbar sind.

Lassen Sie uns noch einmal zusammenfassen: Durch seine Körpersprache drückt sich der Hund permanent aus. Schon von Beginn an ist es wichtig, dass Sie darauf achten, wie genau welche Stimmung bei Ihrem Hund aussieht. Vielleicht liegen später Signale übereinander. Die Bereitschaft zur Anzeige zum Beispiel und die gleichzeitige Unsicherheit in einer stressigen Situation. Wenn Sie Ihren Hund im entscheidenden Moment bestärken können, bekommen Sie nicht nur eine Anzeige für heute,

Um alldem auf die Schliche zu kommen, ist es am besten, viele Fotos zu machen. Ausdrucksverhalten und Kommunikation von Hunden laufen oft in rasender Geschwindigkeit. Sind die einzelnen Ausdrucksformen „eingefroren“, hat man genügend Zeit, sich einzelne Merkmale einzuprägen und beim nächsten „Livechat“ schneller mitzulesen.

sondern Ihr Hund hat für die Zukunft gelernt: Das Spiel mit Geruch und Anzeige wird tatsächlich auch in dieser Situation gespielt.

Nichts ist zufällig, Gesten, Bewegungen und sogar scheinbar unbeteiligtes Herumsitzen kann Teil einer Kommunikation sein.

Man wird feststellen, dass es zwar allgemein gültige Ausdrucksformen gibt, jeder Hund aber seiner Befindlichkeit etwas anders Ausdruck verleiht.

Es ist in jedem Fall ein absolut spannendes Thema für jeden Hundehalter, wird niemals langweilig und eröffnet ganz neue Welten. Wie das Lernen einer neuen Sprache eben.

Wie wäre es zum Abschluss mit einem kleinen Test?
Was sehen Sie auf dem Bild?

Es ist aus der Perspektive eines Hundeführers aufgenommen, der eben im Begriff ist, einen Ball zu werfen.

Einer der Retriever hat rechts in der Ferne seine Hundefreundinnen erspäht und ist schon auf dem Sprung, eine andere hat die Nachbarshunde auch gesehen, ist sich aber nicht sicher, dableiben und mitspielen oder wegflitzen? Zwei können leider gar nichts mehr denken, außer Bällchenbällchenbällchen.

Die Lösung: Oben rechts auf dem Sprung, oben links unentschlossen, deutlich erkennbar durch die Gewichtsverlagerung. (Auch auf den Bildern von Toffie können Sie dies sehen: Bei der Aufnahme mit der Taube ist das Gewicht in Richtung Objekt verlagert, beim Strohochsen liegt es auf der Hinterhand.) Unten rechts und links zwei Balljunkies.

Rahmenbedingungen für erfolgreiches Hundetraining

Das Fundament für die erfolgreiche Arbeit mit dem Hund bildet ein vertrauensvolles Verhältnis zwischen Mensch und Hund. Der Hund soll zu der Überzeugung kommen, dass er sich jederzeit auf uns verlassen kann und dass alles, was er mit unserem Einverständnis tut, positive Folgen hat und ihn zum Erfolg führen wird. Andererseits soll er auch erfahren, dass es nicht zum Erfolg führt, etwas gegen unser Kommando zu tun. Gemeint ist keine „Bestrafung" des Hundes durch Sie im klassischen Sinne: Dann könnte er z .B. schlussfolgern, wenn Frauchen/Herrchen in der Nähe sind, darf ich nicht im Mauseloch buddeln, das gibt Ärger. Es ist dagegen erlaubt, wenn die beiden mit dem Handy spielen oder weit weg sind. Sie müssen immer bedenken, der Hund kann sich seine Welt nur durch das Erstellen von Verknüpfungen „zusammenreimen".

1. Stellen Sie sicher, dass Sie für Ihren Hund stets klar, verständlich und verlässlich sind.

   Nichts stürzt einen Hund mehr in Verwirrung als ein Führer, der undurchschaubar und scheinbar willkürlich handelt. Hat der Hund keinen Erfolg, ist es sinnlos, in immer gequälterem Tonfall seinen Namen zu rufen. Kommt er in einer entspannten Situation nicht auf die Lösung, wird es ihm gestresst ganz bestimmt nicht gelingen. Zur klaren Kommunikation gehört selbstverständlich auch, dass ein Signal, ist es erst einmal gegeben, durchgesetzt wird, koste es, was es wolle. Dies meint nicht, dass Sie Ihrem Hund gegenüber gewalttätig werden sollten, ihn anschreien oder an der Leine herumzerren. Dies macht keinen Sinn. Stellen Sie sich vor, Sie würden bedroht und beschimpft – würde Ihnen eine Lösungsstrategie für eine knifflige

Situation einfallen? Ganz sicher nicht. Konsequent zu sein heißt nicht zu strafen, sondern den Hund nicht zum unerwünschten Erfolg kommen zu lassen! Sind Sie gerade auf dem Weg zur Galaveranstaltung in Smoking oder toller Robe und Ihr Hund stürzt sich begeistert in ein frisch gedüngtes Feld, überlegen Sie gut, ob Sie ihn rufen. Ist das Kommando erst gegeben und kommt er nicht, müssen Sie ihn holen gehen. Sofort. Sie lernen bei dieser Aktion sorgsamer mit Kommandos umzugehen, Ihr Hund, dass es keinen Sinn macht, weil man ja doch ins Haus muss, wenn einem dies gesagt wird.

2. Spiegeln Sie Ihren Hund nicht!

   Ist er hektisch und fahrig, zerren Sie nicht an der Leine und schimpfen Sie nicht auf ihn ein. Handeln Sie vielmehr ruhig und besonnen und vermitteln Sie ihm so das Gefühl, dass Sie alles im Griff haben und sich Ihr Hund entspannen kann. Je durchgeknallter Ihr Hund ist, desto ruhiger werden Sie – nur ein souveräner Hundeführer bietet Sicherheit.

3. Schaffen Sie optimale Bedingungen für Ihre Trainingsstunde.

   Sie und Ihr Hund sind guter Dinge, gesund und munter und zu großen Taten bereit, die Umgebungsreize sind auf den Leistungsstand des Hundes abgestimmt, Sie wissen, was Sie auf welchem Weg und mit welchen Zwischenschritten erreichen möchten. Berücksichtigen Sie bei der Planung die besonderen Stärken und Schwächen des Hundes!

Im Kapitel zum erfolgreichen Training darf ein besonderer Hinweis auf das wichtigste Kommando überhaupt nicht fehlen: Es geht nicht etwa um Sitz, Platz, Fuß, ... sondern um das sogenannte „Aufhebungskommando". Jedes Kommando wird so lange ausgeführt, bis entweder ein neues Kommando erfolgt, oder der Hund durch das Aufhebungskommando freigegeben wird. Ohne wenn und aber. Berührt das Hinterteil des Hundes gerade einmal so lange den Boden, bis das Vorderteil des Hundes ein Leckerchen verzehrt hat, wird es höchste Zeit ein Aufhebungskommando einzuführen. Dies ist bei den meisten Hundeführern ein „Lauf!" welches oft mit einer lockeren und/oder ausladenden Geste verbunden ist. Das bedeutet nicht, dass der Hund nach erfolgtem Aufhebungskommando laufen MUSS – im

Gegenteil, er kann jetzt tun und lassen was er möchte. Nur wenn Sie kontrollieren können, dass Ihr Hund ein Kommando so lange ausführt, wie Sie es bestimmen, ist es verlässlich!

Barney schwebt, statt zu sitzen.

Wenn Sie jetzt sagen, „Ach, mir ist nur wichtig, dass mein Hund anzeigt, so streng will ich nicht sein, er soll´s ja im Ausgleich dafür gut haben.", ist das zwar nett gemeint, aber Ihr Hund wird, ist er in ein festes Regelwerk gebunden, ein besseres Leben haben, als wenn Sie ihn in Unsicherheit dahin dümpeln lassen. Noch dazu: Mit einem Hund, der sich an Ihre Anweisungen hält, werden Sie nur positiv auffallen, es ist überhaupt kein Problem, dass Sie Ihr Assistenzhund begleitet. Je besser Sie Ihren Hund kontrollieren können, desto mehr Freiheiten können Sie ihm einräumen.

Fehlverknüpfungen

Eine Fehlverknüpfung entsteht, wenn Ihr Hund zwischen zwei gleichzeitigen Vorgängen einen Zusammenhang herstellt, obwohl diese ursächlich nichts miteinander zu tun haben. Anders als wir, die wir im Internet surfen, Bücher lesen, Informationen austauschen und reflektieren können, ist der Hund darauf angewiesen, sich auf seine Erlebniswelten selbst einen Reim zu machen. Dabei kann auch etwas schief gehen, das heißt es werden zwei Ereignisse miteinander verknüpft, die miteinander nichts zu tun haben. Je öfter sich der vermeintliche Zusammenhang bestätigt, desto belastbarer wird die Fehlverknüpfung. Ähnliche Phänomene kennen auch wir Menschen – sind Sie vielleicht Besitzer von Glückssocken? Socken, die Sie zufällig bei zwei Situationen trugen, die sich ganz in Ihrem Sinne entwickelt haben? Dann geht es Ihnen wie der Hundeführerin von Mathilda:

Auf dem Foto gewinnt Mathilda den Titel Rheinland-Pfalz Jugendsieger. Ob wohl die Glücksjacke damit etwas zu tun hatte? An der Kleidung der Zuschauer können Sie sehen, dass an diesem Tag nicht unbedingt Jackenwetter angesagt war.

Einen Menschen können Sie mit rationeller Argumentation (vielleicht) von der Unrichtigkeit seiner Annahme überzeugen, ein Hund braucht jede Menge gegenteiliger Erfahrung, um eine Fehlverknüpfung wieder aufzulösen. Am einfachsten ist natürlich, eine falsche Verknüpfung entsteht erst gar nicht. Wird zum Beispiel vor jedem Training mit großem Tamtam eine Box mit Geruchsträgern und Leckerchen geholt, kann es sein, dass der Hund eine reale Anzeige versäumt, weil er in letzter Sekunde schlussfolgert: „Ah, halt, wir machen das Spiel ja immer nur mit der Box, o.k. Ich warte einfach bis morgen." Vielleicht zeigt er überall an, nur nicht im Auto, weil er als Welpe, als eine Ausbildung zum Warnhund noch nicht angedacht war, gelernt hat, dass man im Auto brav und artig sein muss und „nichts zu melden hat". Zudem ist es wichtig, dass der Hund das Gelernte „generalisiert". Das bedeutet er soll, wenn er in der Küche trainiert wird nicht nur in der Küche anzeigen. Wenn Sie möchten, dass Ihr Hund überall warnt, müssen Sie „überall" trainieren. Wenn Sie möchten, dass der Hund zu jeder Tages- und/oder Nachtzeit warnt, muss natürlich auch zu verschiedenen Zeiten trainiert werden. Nur so stellen Sie sicher, dass der Hund die Lernprozesse nicht mit dem Ort oder gar zusätzlich mit der Zeit verknüpft. Falls er das tut, nimmt er aus dem Training nicht etwa mit: „Wenn ich diesen besonderen Geruch anzeige, werde ich überschwänglich gelobt und belohnt. Ich muss zusehen, dass mir nicht die kleinste Geruchswolke entgeht." sondern „Manchmal spielen wir ein Spiel mit Gerüchen. Vormittags, wenn sonst nichts zu tun ist. Dann kann ich mir eine Belohnung verdienen." Manche Fehlverknüpfungen sind von der harmlosen Sorte. Fast jeder Hund fühlt sich angesprochen, wenn eine Lebensmittelverpackung raschelt. Der Hund hat mit dem an sich neutralen Geräusch verknüpft „Willkommen im Schlaraffenland, am besten schon mal Mund auf, gleich kommt etwas geflogen!"

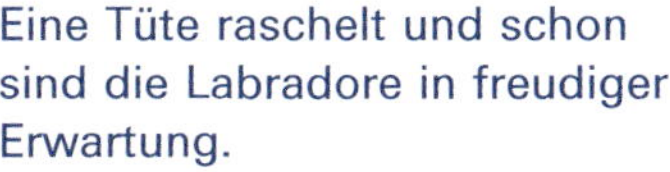

Eine Tüte raschelt und schon sind die Labradore in freudiger Erwartung.

Theoretische Grundlagen zur Arbeit

Teilschritte der Warnaufgabe

Auf den ersten Blick ist die Aufgabe des Hundes klar: Er soll einfach bei Unter- oder Überzucker anzeigen. Sieht man etwas genauer hin, erkennt man, dass die Anzeige nur „die Spitze des Eisbergs" ist und sich die Aufgabe des Diabetikerwarnhundes aus verschiedenen Teilschritten mit jeweils spezifischen Anforderungen zusammensetzt:

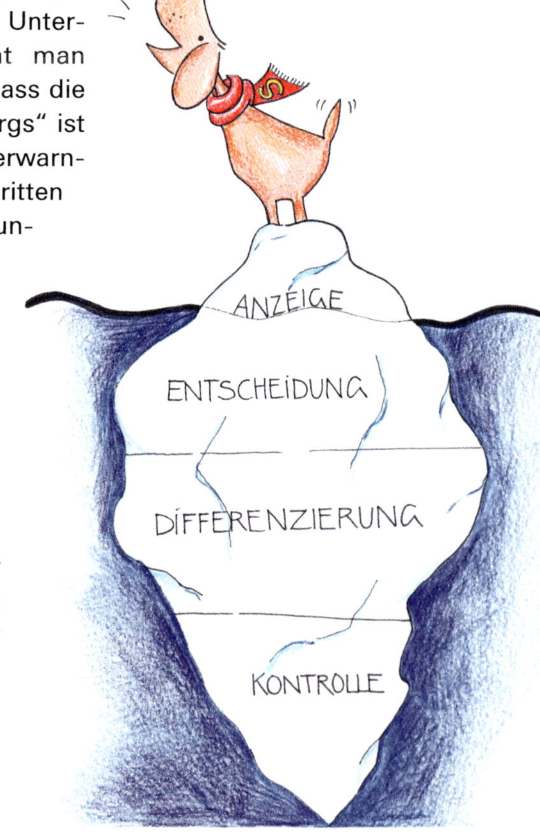

Kontrolle

Der Hund nimmt eigenständig den Geruch auf.

Während die Aufgabe im Leben vieler anderer vierbeiniger Geruchsexperten zeitlich begrenzt und situativ für den Hund klar gekennzeichnet ist, ist der Diabetikerwarnhund in der Regel rund um die Uhr im Dienst.

Differenzierung

Der Hund gleicht den Geruch mit den gespeicherten Werten ab.

Im Rahmen seiner Ausbildung hat der Hund verschiedene „Geruchsbilder“ angelegt. Über sogenannte Geruchsproben versehen mit Schweiß, Atem oder Speichel des Diabetikers wird das Training absolviert. Diese gespeicherten Gerüche dienen als Richtwerte bei jedem „Check“.

Entscheidung

Der Hund entscheidet sich auf Basis der Geruchs-Differenzierung.

Wichtig ist, dass der Hund an dieser Stelle nicht abbricht und/oder in Übersprunghandlungen ausbricht. Hier ist der Hundeführer besonders gefragt, kleine Zeichen zu lesen und den Hund zu unterstützen.

Anzeige

Der Hund meldet über die Anzeige.

Egal, ob die natürliche Anzeige beibehalten und verstärkt oder ein komplexes System aufgebaut wird, entscheidend ist , dass die Anzeige verlässlich erfolgt, egal wann und wo. Später werden wir auf die einzelnen Teilschritte genauer eingehen und Sie erfahren, wie Sie diese mit Ihrem Hund erarbeiten können. An dieser Stelle nur ein Wort zur natürlichen Anzeige: Unter der natürlichen Anzeige versteht man das Verhalten, das der Hund zunächst anbietet, wenn er etwas anzeigen möchte. Verstecken Sie ihm ein Leckerchen unter einem umgedrehten Blumentopf, wird er vielleicht mit der Pfote daran herumkratzen, ein anderer Hund setzt sich vielleicht vor den Blumentopf und schaut Sie an, der nächste stupst mit der Nase dagegen.

Zunächst geht es aber um Ihren Hund, um Sie und die Beziehung zwischen Ihnen beiden. Denn auch wenn der Hund alle Elemente seiner Aufgabe kennt – ohne Ihre Motivation und Unterstützung kann er nicht verlässlich arbeiten.

Die Grundkompetenzen Ihres Hundes

Stellen Sie sich vor, das Anzeigen des Unter- oder Überzuckers ist ein „Programm", eine Software, das wir in unserem Training „aufspielen". Dies gelingt nur, wenn wir als Basis ein funktionierendes „Betriebssystem", haben.

Dieses Betriebssystem besteht aus einer Kombination von Eigenschaften, die der Hund zum einen Teil mitbringen muss, die wir aber zum anderen Teil gemeinsam mit ihm im Team erarbeiten und ausbauen. Drei Säulen bilden das Fundament, auf das wir die Ausbildung zum Warnhund aufsetzen können:

Motivation

Die Motivation ist der „Motor" des Warnhundes. Er soll zukünftig 24 Stunden, 365 Tage im Jahr auf Bereitschaft sein – Sie als Chef im Team sind in der Verantwortung, eine Situation zu schaffen, die den Hund sowohl für Sie, als auch für die Arbeit, die er für Sie leisten soll, begeistert. Viele Hunderassen sind seit über hundert Jahren darauf selektiert, ein hohes Maß an Arbeitsfreude mitzubringen und dies dem Mensch zur Verfügung zu stellen. Selbstverständlich werden Sie bei einem Malinois oder Labrador Retriever im Vergleich zu einem Kangal oder Owtcharka leichtes Spiel haben. Doch auch wenn Ihr Hund eine hohe Grundmotivation mitbringt, ist das Aufrechterhalten eine Aufgabe, die Sie ein (Hunde)Leben lang begleiten wird. Wie Sie möglichst viel Spaß in die Arbeit mit dem Hund bringen und welche Art der Bestätigung am nachhaltigsten ist, erfahren Sie später im Kapitel „Motivieren und Bestätigen" (S. 144)

Selbstbewusstsein

Jedem Warnhund steht eine ordentliche Portion Selbstbewusstsein gut!

Er hat nicht nur eine komplexe Aufgabe zu meistern, im Gegensatz zu seinen „Kollegen" bei Jagd, Polizei oder Rettungshundearbeit ist er plötzlich und unvermittelt „im Einsatz" und muss ohne Kommando und

Hinweise seiner Umwelt auskommen. Ganz im Gegenteil: Während Sie entspannt im Sessel sitzen, soll er aktiv werden und im übertragenen Sinne „auf den Tisch hauen". Oder Sie warten schon ungeduldig, dass Ihr Hund endlich ins Auto hüpft, dabei hat er den „Anzeigegeruch" schon in der Nase und zögert nur noch. Warnen soll er jedoch nicht nur in Alltagssituationen, sondern auch im Gewimmel eines Kindergeburtstags, im Trubel eines Freizeitparks oder mitten in die besinnliche Stimmung bei der Weihnachtsfeier. Hier braucht er ein großes Vertrauen in sich und seine Fähigkeiten. Wie Sie das Selbstbewusstsein Ihres Hundes stärken, erfahren Sie im Kapitel „Fördern und Bestärken" (S. 145)

Bindung

ist wie eine unsichtbare Leine, die Ihren Hund und Sie verbindet. Jedes bestandene Abenteuer, jeder große Spaß, jedes Problem, das Sie beide im Team gelöst haben, stärkt dieses unsichtbare Band. Leider ist auch die umgekehrte Auswirkung möglich: Lassen Sie Ihren Hund z.B. bei Begegnungen mit anderen, unfreundlichen Hunden „im Regen stehen", wird er registrieren, dass er, kommt es hart auf hart, alleine ist. Aber auch wenn der Hund zu der Überzeugung kommt, dass er, wenn er Ihre Anweisungen befolgt, eher einen Nachteil hat, wirkt sich das aus. (Jedes Mal, wenn Sie Ihren Hund rufen, endet eine spannende Situation und er kommt stattdessen an die Leine ...)

Die Arbeit an der Bindung lässt sich wohl am ehesten mit dem Pflegen einer Freundschaft vergleichen. Auch wenn man sich schon seit Jahren kennt und mag, ohne gemeinsame Unternehmungen, regelmäßigen Austausch und gemeinsame Interessen würde die Beziehung erlöschen und jeder würde sich neue, besser passende Freunde suchen.

Wie eng ein Hund sich an einen Menschen bindet, ist ihm oft durch seine Rasse(anteile) in die Wiege gelegt. Ein sensibler Hütehund, der seit Generationen danach selektiert wurde, wie schnell und präzise er die Anweisungen seines Menschen umsetzt, ist Ihnen gerne „zu Diensten", ein Herdenschutzhund dagegen, der dafür geboren wurde, ohne Unterstützung eines Menschen seine Herde gegen Raubtiere zu verteidigen, ist natürlich nicht besonders kooperativ. Beides ist jedoch kein Grund für

Sie, sich zurückzulehnen. Egal welche Disposition bei Ihrem Hund vorliegt – ob er zu der Überzeugung kommt, es lohnt sich, meinem Menschen zu folgen, mit ihm im Team zu arbeiten und seine Tipps anzunehmen – oder ob er gelernt hat, dass die Welt zwar viel Spaß, Spannung und Erfolg zu bieten hat, dies aber mit Ihnen nicht im Entferntesten in Zusammenhang bringt, liegt in Ihrer Hand.

Vorschläge, wie Sie die Beziehung zu Ihrem Hund erhalten und gestalten finden Sie im Kapitel „Vertrauen und Verstehen" (S. 146)

Wenn auch nur eine dieser Säulen „einknickt", ist der Hund nicht mehr in der Lage, seine Aufgabe als Diabetikerwarnhund zuverlässig zu erfüllen![14]

14 Die Motivation ist hierbei eine Säule, die schnell bröckeln kann: Wird der Hund nur lapidar belohnt (stets gleich, ohne besonderes Lob), wird er bald eine lohnendere Beschäftigung finden. Zum Beispiel könnte er Schermäuse auf der Wiese ausgraben: Spannende, abwechslungsreiche Beschäftigung, bei Erfolg sogar mit einem zappligen pelzigen Tier auf den Zunge!

Zielbeschreibung

Um ins praktische Training einzusteigen, erstellen Sie zunächst Ihre eigene Zielbeschreibung. Diese ist „Wegweiser“ und „Zielfoto“ zugleich.

Natürlich kann das Ziel im Laufe der Ausbildung angepasst oder korrigiert werden, aber nur wenn Sie genau wissen, wo Sie ankommen möchten, ist es möglich, die korrekte Richtung einzuschlagen.

Nehmen Sie sich Zeit, im Anhang ab Seite 178 finden Sie eine exemplarische Zielbeschreibung. Sie sollten Ihre Zielbeschreibung in jedem Fall zu Papier bringen, Schreiben ist konkreteres Denken! So werden Ihnen Widersprüche und Lücken auffallen. Es ist nicht schlimm, wenn Sie den Beginn der Ausbildung noch eine Woche verschieben und an Ihrer Zielbeschreibung feilen. Sie verlieren viel mehr Zeit, wenn der Hund zunächst falsch „programmiert“ wird und Fehlverknüpfungen wieder aufgelöst werden müssen.

Zunächst legen Sie fest, wessen Blutzuckerwert kontrolliert werden soll (Assistenznehmer) und wer auf die Anzeigen des Hundes reagiert (Hundeführer). In den meisten Fällen sind Assistenznehmer und Hundeführer eine Person. Möchten Sie dagegen, dass der Hund Sie beim Diabetesmanagement Ihres dreijährigen Kindes unterstützt, sind Sie der Hundeführer, Assistenznehmer Ihr Kind. Die Übergänge sind bei älteren „Kindern“ fließend.

Dennoch: Auch wenn der Hund schon zu Beginn ausschließlich beim Ihrem dreizehnjährigen Sprössling anzeigt und dieser weitgehend selbstständig mit dem Hund unterwegs sein sollte, er also Hundeführer und Assistenznehmer in einer Person ist, liegt die Hauptverantwortung bei Ihnen. Die Arbeit, die der Hund leistet, ist lediglich ein weiteres Hilfsmittel, den Alltag mit Diabetes leichter zu machen und ersetzt nicht Ihren Blick aufs Ganze.

Überblick ist auch bei der Wahl der Anzeige gefragt. Lassen Sie sich bei der Zielbeschreibung nicht davon einschränken, dass Sie jetzt noch nicht wissen, wie Sie die einzelne Anzeige aufbauen sollen, zunächst geht es darum, was in den verschiedenen Situationen am besten zu Ihnen und zu Ihrem Leben passt. (Arbeiten Sie als Bibliothekarin, ist es suboptimal, wenn Ihr Hund laut und fordernd bellt. Hüpft Ihr dreijähriges Kind dagegen wild auf dem Trampolin und rutscht so immer tiefer in den Unterzucker, während Sie gerade hinter dem Haus Wäsche aufhängen, ist das Bellen eine hervorragende Art der Anzeige.)

Gerade wenn Sie die Anzeige für sich selbst oder Ihr Kind festlegen, werden Sie merken, dass es sinnvoll ist, nicht nur die verschiedenen aktuellen Lebenssituationen zu betrachten, in denen eine Anzeige erfolgen soll.

Wie könnte die von Ihnen favorisierte Anzeige im Urlaub funktionieren? Passt die Anzeige in ein bis zwei Jahren noch zu Ihnen? Dies ist besonders dann gefordert, wenn Sie Ihren Diabeteswarnhund für Ihr Kind ausbilden: Vielleicht ist es jetzt noch sinnvoll, wenn der Hund bei Ihnen anzeigt, Sie sucht oder Hilfe holt. In zwei Jahren könnte aber Ihr Kind mit seinem persönlichen „Bodyguard" schon alleine mit seinen Freunden etwas unternehmen. Oder bei Oma und Opa übernachten. Dann funktioniert das System nicht mehr.

Ändert sich im Laufe der Jahre der Bedarf bei der Anzeige, weil beispielsweise aus dem Kind ein selbstständiger Teenager geworden ist, können Sie natürlich auch die Anzeige nachträglich verändern. Dazu mehr auf S. 165 Umstellung der Anzeige.

Im Folgenden finden Sie hier einige exemplarische Anzeigen:

Hund bellt – für jüngere Assistenznehmer in der Regel ideal. Verhalten kann leicht gedeutet werden (Hund sollte dabei auswärts eine Kenndecke tragen), auch von Fremdpersonen, keine Hilfsmittel nötig, der Hund sollte dabei absitzen (so können auch Menschen, die keine Hundekenner sind, direkt erkennen, dass der Hund „nicht einfach so" bellt)

Hund stupst/kratzt – könnte perfekt sein, wenn Sie der Hund ins Büro begleitet, dezent kann er Sie unter dem Tisch warnen, ohne dass er das Teammeeting sprengt. Vielleicht sind Sie aber im Außendienst und haben den Hund während der Fahrt sicher in der Hundebox „verstaut". Dann ist die Anzeige in dem Fall unbrauchbar.

Hund apportiert Messgerät und/oder Fruchtsaft – hervorragend für allein lebende Erwachsene! Sie müssen lediglich dafür sorgen, dass der Hund stets an die Gegenstände gelangen kann. Natürlich ist es fabelhaft, wenn Ihr Hund den Kühlschrank öffnen kann und Ihnen eine Flasche Cola bringt. Dies ist aber sinnlos, wenn Sie gerade einen Spaziergang machen.

Hund apportiert Bringsel – ein „Bringsel" wird sowohl in der Rettungshundearbeit als auch bei der Jagd genutzt – es ist ein kleiner Apportiergegenstand, meist aus Leder, der mit einer Schnur am Halsband des Hundes befestigt ist. Im Fall einer Anzeige schnappt sich der Hund das Bringsel und apportiert es. So hat er seinen Apportiergegenstand stets „griffbereit".

Hund betätigt Alarmglocke/-knopf – funktioniert genau solange, wie ein Alarmknopf für den Hund zugänglich ist.

Natürlich kann ein Hund für verschiedene Situationen jeweils passende Anzeigen lernen. Auch ist es sinnvoll, sogenannte „Ketten" zu bilden, d.h. erfolgt die Bestätigung nicht, „springt" der Hund in die nächste Anzeige. So kann er z.B. ein Bringsel apportieren, nimmt der Mensch davon keine Notiz, drückt er einen Alarmknopf oder schlägt an. Wie diese Ketten aufgebaut werden, finden Sie im Kapitel: „Die Anzeige – Spitze des Eisbergs" (S. 84)

Generell gilt: Verzichten Sie auf Showeffekte und komplexe Ketten, wenn es möglich ist. Die beste Anzeige ist die, die zuverlässig und klar ausgeführt wird. Je genauer die Anzeige auf Ihr Leben und/oder das Ihres Kindes angepasst ist, umso besser!

Bestimmung von Anzeigebereich und Passivzone

Bevor Sie gleich lernen, wie man die Geruchsproben für das Hundetraining generiert, müssen Sie zunächst einmal für sich selbst festlegen, welche Blutzuckerwerte der Hund überhaupt anzeigen soll. Dies ist zugegeben eine etwas zähe Kost, aber nur mit dieser Grundlage können Sie im weiteren Verlauf die richtigen Gerüche aus Ihrem Schweiß, Atem oder Speichel konservieren.

Das Festlegen eines Anzeigebereichs sollte eine wohlüberlegte Sache sein. Zunächst definieren Sie für sich selbst, welche Blutzuckerwerte für Sie persönlich akzeptabel sind. Diese Werte soll Ihr Hund nicht anzeigen.

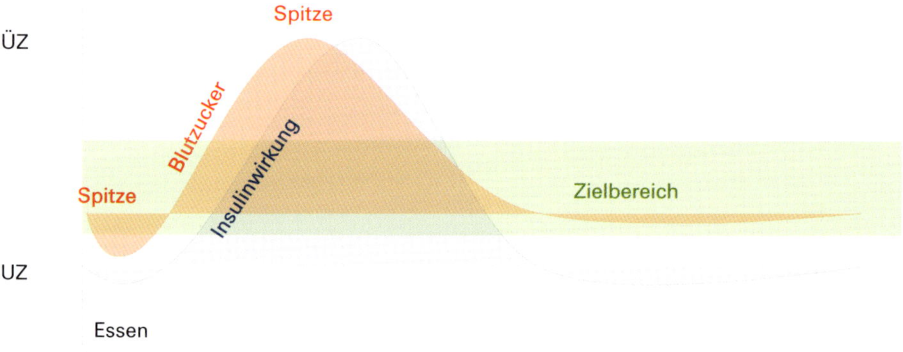

Vereinfachtes Schema: mögl. Blutzuckerverlauf vor und nach Insulingabe.

Sie haben einen für sich definierten Zielbereich, der in der Regel Bestandteil Ihrer Insulintherapie ist.

Darüber hinaus weicht Ihr Blutzucker dennoch tagsüber phasenweise ein wenig von diesem Zielbereich ab, wie z.B. kurz nach dem Essen. Es handelt sich um Spitzen, in denen das Insulin noch nicht volle Wirkung erreicht bzw. die kohlehydrat- oder fetthaltige Nahrung sich erst nach der Insulinwirkung freisetzt. Dies ist normal und auch bei jedem

Nichtdiabetiker der Fall. Diese normalen Blutzuckerspitzen müssen auf jeden Fall in die Passivzone mit einbezogen werden. So definiert sich die Passivzone nun aus Zielbereich und normaler Blutzuckertoleranz.

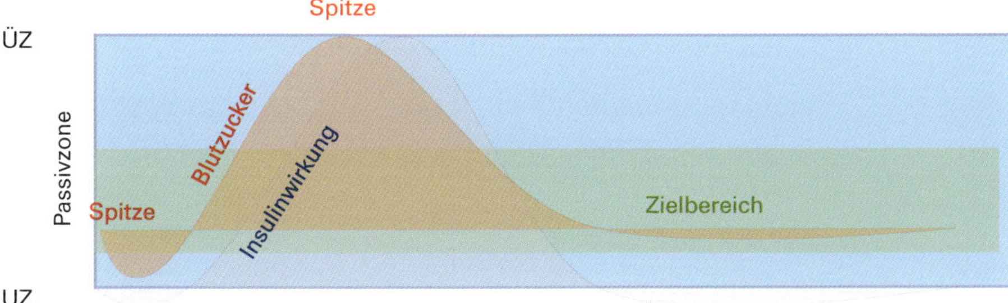

Vereinfachtes Schema: Blutzuckerverlauf kurz nach dem Essen.

Eine weitere Besonderheit stellt die Genauigkeit des Messgerätes dar. Nicht nur unterschiedliche Messgerätetypen geben verschiedene Messwerte wieder.

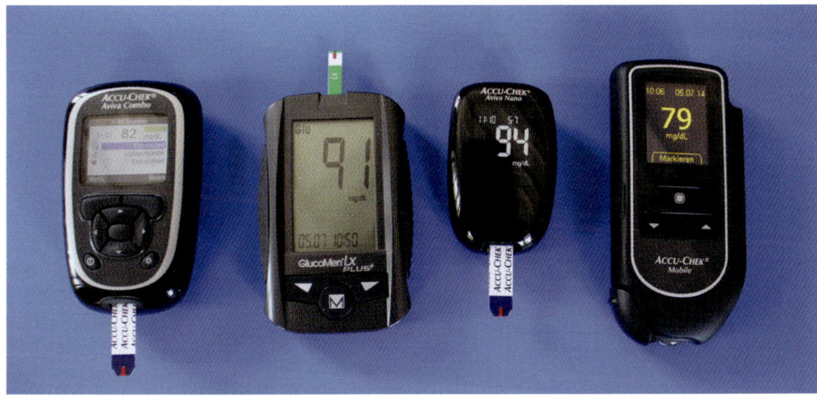

Vier unterschiedliche Messergebnisse aus einem Blutstropfen.

Auch ein und dasselbe Messgerät hat eine vom Hersteller in der Regel vorgegebene Toleranzabweichung von bis zu 20%. Das heißt, aus dem gleichen Blutstropfen kann bei mehreren Messungen eine enorme Abweichung gemessen werden. Auch wenn große Abweichungen eher die Ausnahme sind, weiß jeder Diabetiker, dass kleinere Abweichungen öfter vorkommen und die Wahrheit meist in der Mitte zweier Messungen liegt.

Worst Case	1. Messung	2.Messung (+/-20%)
Blutstropfen A	BZ 80	BZ 67 bis BZ 96
Blutstropfen B	BZ 250	BZ 208 bis BZ 300

Worst Case

Dem Diabetiker ist diese „Ungenauigkeit" bekannt, er kann damit umgehen, für unseren Hund hingegen ist dies etwas schwieriger. Er soll lernen, ab einem bestimmten Blutzuckerwert zu melden. Aber wie können wir sicher sein, das es sich auch um diesen Wert handelt?

Ein Beispiel:

Wir möchten gerne, dass unser Hund ab einem Blutzuckerwert von ca. 80 mg/dl Unterzucker anzeigt. Um auf der sicheren Seite zu sein, dürfen wir den Hund dann auch nur mit Geruchsproben eines Blutzuckerwertes ab ca. 72 mg/dl trainieren. Hierbei sind 10% Toleranz des Messgerätes mit eingerechnet. Würden wir Proben mit einem gemessenen Blutzuckerwert von 80 mg/dl nehmen, könnte dieser tatsächlich bei 90 mg/dl liegen und der Hund wird ungewollt auf Werte konditioniert, die er gar nicht melden soll.

Klingt kompliziert? Ist es aber gar nicht.

Sie nehmen lediglich Ihre definierte Passivzone. Diese wird mit einer vereinfachten Formel erweitert, sozusagen als Sicherheitsbereich gegen eventuelle Messtoleranzen.

Bei Unterzucker gewünschte Anzeigegrenze UZ / 1,1 = tatsächlicher Trainings UZ
Bei Überzucker gewünschte Anzeigegrenze ÜZ x 1,1 = tatsächlicher Trainings ÜZ

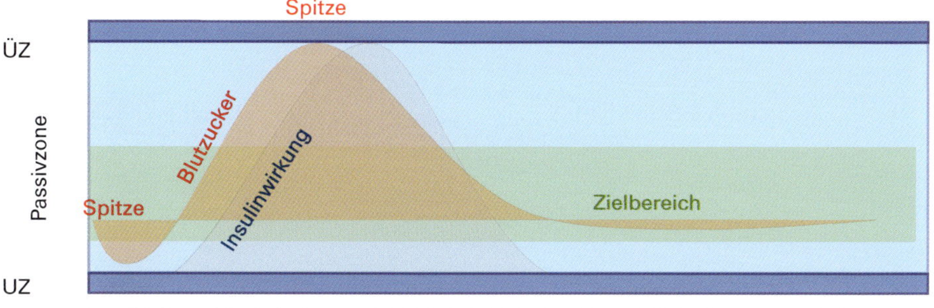

Beispiel: Ihr Hund soll Blutzuckerwerte unter 80 mg/dl anzeigen.

UZ 80 mg/dl / 1,1 = UZ 72 mg/dl. Für das Training mit Ihrem Hund nehmen Sie nun Geruchsproben ab einem Messgerätewert von UZ 72 mg/dl abwärts. Auf diese Art und Weise wird Ihr Hund während des Unterzuckertrainings nie mit einer Geruchsprobe eines tatsächlichen Werts von über 80 mg/dl oder gar 90 mg/dl in Berührung kommen. Dies haben wir durch den Sicherheitsbereich ausgeschlossen. Im Laufe des Trainings wird der Hund viele unterschiedliche Geruchsproben kennenlernen. Je öfter wir nun Proben während eines gemessenen BZ Werts von 72 mg/dl abnehmen, umso mehr wird der gewünschte Anzeigewert von annähernd 80 mg/dl dabei sein und manifestiert. Nahezu ausgeschlossen aber sind dadurch Werte über 80 mg/dl.

Als Passivzone bezeichnen wir den Blutzuckerbereich, den der Hund nicht anzeigen soll.

Anzeige UZ	Passivzone	Anzeige ÜZ

Gesamte Passivzone

Studien des DIfA-Instituts (Deutsches Institut für Assistenzhunde) aus dem Jahr 2013 ergaben, dass es als sehr wahrscheinlich gilt, den Hund auf einen annähernd exakten Blutzuckergrenzwert durch Geruch konditionieren zu können. So wurden 18 Diabetiker vom Typ 1 mit einem Diabetikerwarnhund zu der Art der Geruchskonditionierung, den hieraus gemeldeten tatsächlichen Blutzuckerwerten, sowie Anzeigezuverlässigkeiten des Hundes interviewt. Konditioniert wurde mit Glukosemesswerten von 80 – 30 mg/dl. 70% der Probanden beurteilten das Anzeigeverhalten nach der Ausbildung ab einem Wert von 80 mg/dl als sicher, ab 60 mg/dl als sehr sicher. Ebenso wurde konditioniert mit Glukosemesswerten von 180-350 mg/dl. Werte zwischen 180 und 200 mg/dl wurden von 25% der Hunde sehr sicher angezeigt, ab 200 mg/dl bereits von 50% der Hunde.[15]

Passivzone bei Kindern und Erwachsenen

Kinder und Erwachsene haben da sicherlich unterschiedliche Passivzonen. Kinder, vor allem Kleinkinder, werden in der Regel vom Diabetologen etwas höher eingestellt, da sie Blutzuckerentgleisungen zum Teil nicht so

15 Deutsches Institut für Assistenzhunde (DIfA-Institut), 2014, Posterpräsentation Diabetes Kongress 2014

gut wahrnehmen bzw. diese auch noch gar nicht mitteilen können. Hier könnte es sinnvoll sein, sowohl die Grenze für Unter- und auch Überzuckerung beidseitig etwas nach oben zu verschieben. Kinder sind die wandelnde Spontaneität. Weder ihre körperlichen Aktivitäten noch ihre Stimmungen sind planbar. Diese haben aber erhebliche Auswirkungen auf den Blutzuckerspiegel. So wird ein gemütlich geplanter Spaziergang plötzlich zur Tobestrecke, das ruhige, beschauliche Puppenspiel mit der Freundin endet im Fangenspiel durchs ganze Haus und die Hausaufgaben dauern auf einmal doch länger als gedacht und eskalieren in einem Streit mit den Eltern. Diese Beispielsituationen können Auslöser für einen schnell und absolut ungeplanten Abstieg/Anstieg des Blutzuckers sein. Je nach Alter und Verhalten ändert sich die Häufigkeit dieser Situationen. Daher ist es ratsam, die Unterzuckeranzeige nach obenhin anzupassen, damit der Hund frühzeitig warnen kann. Bei der Überzuckeranzeige verhält es sich ähnlich, wenn auch aus anderen Gründen. Das heißt, es wird versucht, den Blutzuckerspiegel etwas höher zu halten, um damit Hypoglykämien – vor allem nachts – zu vermeiden. Zudem könnten die Blutzuckerspitzen etwas höher ausfallen als bei Erwachsenen, die bereits seit vielen Jahren Erfahrungen mit ihrer Erkrankung und somit die Spitzen besser im Griff haben.

Als Beispiel: Ihr Kind isst auf einem Kindergeburtstag ungeplant ein Wassereis. Der Blutzucker schnellt in die Höhe, da das dafür abgegebene Insulin gar nicht so schnell wirken kann. Der Hund zeigt natürlich an. Der größte Fehler hierbei wäre, weiteres Insulin zu geben, denn nach zwei Stunden ist der Spuk von alleine vorbei und der Blutzucker wieder in seinem Zielbereich. Daher sollte die Überzuckeranzeige auch eher nach oben hin verschoben werden. Es ist ratsam, die Definition der Passivzone mit dem behandelnden Diabetologen abzustimmen. Er kann sicher zusätzliche Hinweise geben, die Sie in Ihre Überlegungen vielleicht noch nicht mit einbezogen haben.

Erwachsene haben in der Regel eine recht sichere Vorstellung von den Bereichen, in denen sie liegen möchten. Ihr Leben hat bereits mehr Struktur, sportliche Ereignisse beispielsweise sind meistens geplant und in die Insulintherapie integriert. Hier stellt sich vielmehr die Frage, ob Sie den Hund für extrem Situationen benötigen (Notfall, zum Hilfe holen, Traubenzucker/Messgerät bringen) und/oder auch als Optimierer für Ihr Diabetesmanagement.

Erwachsene erleiden oft Extremsituationen, wenn sie auf Grund einer Wahrnehmungsstörung Über- und Unterzuckerungen nur schlecht oder gar nicht wahrnehmen. Aber auch besonders gut eingestellte Diabetiker bemerken zum Beispiel eine Unterzuckerung manchmal erst ziemlich, wenn nicht gar zu spät. Ihr Körper hat sich an einen niedrig gehaltenen Blutzuckerspiegel bereits gewöhnt und zeigt dadurch die typischen Unterzuckerungssymptome häufig erst sehr spät an. Bei alleinlebenden Diabetikern kann dies zu einem ernsten Problem führen, wenn dann niemand in der Nähe ist, der Hilfe leisten kann.

Diabetiker, die den Hund gerne für eine Optimierung ihrer Insulintherapie nutzen wollen, sollten dies in ihrer Passivzone mit einkalkulieren. Frühes Anzeigen macht hier Sinn, um langsam die unerwünschten Blutzuckerschwankungen in den Griff zu bekommen. Meldet Ihr Hund beispielsweise annähernd zur gleichen Tageszeit bei ähnlich strukturiertem Tagesablauf immer wieder eine unerwünschte Veränderung, kann dies ein Anzeichen dafür sein, dass Ihre Basalrate überarbeitet oder das Langzeitinsulin neu eingestellt werden sollte.

Besonderheit

Auch trotz festgelegten und trainierten Anzeigebereichs und Passivzone wird Ihr Hund plötzlich eine Anzeige machen, während sich Ihr Blutzucker noch im normalen Bereich befindet. Lassen Sie sich davon nicht irritieren, Ihr Hund riecht besonders schnelle Ab- und Anstiege viel früher, als sich dies messen lässt. Sie werden nach einer kurzen Zeit des Wartens feststellen, dass sich der Blutzucker gerade in einem rasanten Sink- oder Steilflug befindet. Diese Besonderheit erklärt sich daraus, dass der Hund eben nicht den uns bekannten Blutzucker riecht, sondern seiner eigenen Geruchsdefinition folgt. Im Laufe des Trainings werden Sie feststellen, dass sich die Blutzuckerwerte und Ihre körperliche Verfassung sowie die Wahrnehmung Ihres Hundes oft in zwei parallelen Universen bewegen. Haben Sie einmal bereits bei einem Unterzuckerwert von 48 mg/dl Bewusstseinsstörungen gehabt, fühlen Sie sich in der Woche darauf bei einem Wert von 47 mg/dl erstaunlicherweise noch recht fit. Die Hundenase wird Ihre Wahrnehmung teilen. Der kurz vor dem Zusammenbruch konservierte Wert wird für den Hund besonders spannend sein, die 47 mg/dl im Vergleich von mäßigem

Interesse. Dies stützt auch die Studie des DIfA-Instituts, in der alle Teilnehmer bestätigten, dass die Hunde schnelle Blutzuckerveränderungen leichter und schneller feststellen können als langsame. Das bedeutet: Wert ist nicht gleich Wert.

Remissionsphase

Die Remissionsphase setzt typischerweise nach Auftreten des Typ-1-Diabetes und Beginn der Insulintherapie ein. Einige Wochen bis längstens ca. zwei Jahre wird ein verminderter Insulinbedarf festgestellt, da sich die körpereigene Insulinproduktion zu erholen scheint. Dieses Phänomen ist nur vorübergehend. Am Ende der Remissionszeit findet keine eigene Insulinproduktion mehr statt. In dieser Remissionsphase spielen die Blutzuckerwerte bisweilen ziemlich verrückt. Ihr Körper produziert phasenweise und unkontrolliert noch Eigeninsulin, was eine Einstellung ziemlich schwierig werden lässt. Auch in dieser Phase können Sie Ihren Hund bereits ausbilden. Dem Hund ist der Hintergrund Ihrer Werte egal. Er lernt, bestimmte Werte anzuzeigen und bestimmte nicht. Es liegt in Ihrer Hand, wo die Grenze gezogen werden soll.

Die Passivzone bildet somit den ersten Baustein in der Beschreibung Ihres Ziels. Sie muss gut durchdacht sein, sollte möglichst viele Eventualitäten und Besonderheiten des Alltages mit einbeziehen. Jeder Assistenznehmer muss diese für sich individuell festlegen. Im besten Fall sprechen Sie die Eckdaten mit Ihrem behandelnden Diabetologen ab, um weitere Überlegungen aus seinem Erfahrungsschatz zu berücksichtigen. Haben Sie Ihren Hund einmal auf die Passivzone konditioniert, ist sie im Laufe der Jahre auch veränderbar. Sollte sich Ihr persönlicher Bedarf durch andere Lebensumstände verändern, kann der Hund durch entsprechendes Training ebenfalls auf die neuen Grenzwerte eingestellt werden.

Die praktische Ausbildung Ihres Hundes

Das Erstellen von Geruchsträgern

Eine Vielzahl chemischer Vorgänge im Körper eines Diabetikers verursacht Gerüche, die bestimmten Blutzuckerwerten und pathologischen Zuständen zuordenbar sind. Der Mensch riecht sie nicht, unser Hund aber schon. Um unseren Hund nun auf diesen Geruch zu konditionieren, bietet sich am einfachsten an, mit Geruchsproben, sogenannten Geruchsträgern, zu arbeiten. Die Geruchsträger werden während aller Blutzuckerphasen abgenommen, gesammelt und aufbewahrt und sind somit immer für das Training verfügbar.

Nachdem Sie nun Ihre persönliche Passivzone festgelegt haben, können Sie beginnen, die Geruchsträger für das Training vorzubereiten. Dazu benötigen Sie

- **Zelltupfer**, diese erhalten Sie in jeder Apotheke. Sie müssen nicht steril sein, aber immer sauber und unbenutzt.
- **luftdichte Plastikbeutel**; am besten eignen sich haushaltsübliche Beutel mit Zip-Verschluss
- mehrere **kleine Gläschen** mit Schraubverschluss (in der Apotheke oder unter www.hundenatur.de erhältlich). Die Gläschen samt Deckel können Sie nach der Benutzung einfach in der Spülmaschine säubern.

- eine große, gut **verschließbare Plastikbox**; hier sollten alle verpackten Geruchsproben und Gläschen ausreichend Platz finden können
- einen **wasserlöslichen Stift** zum Beschriften der Beutel und Gläschen.

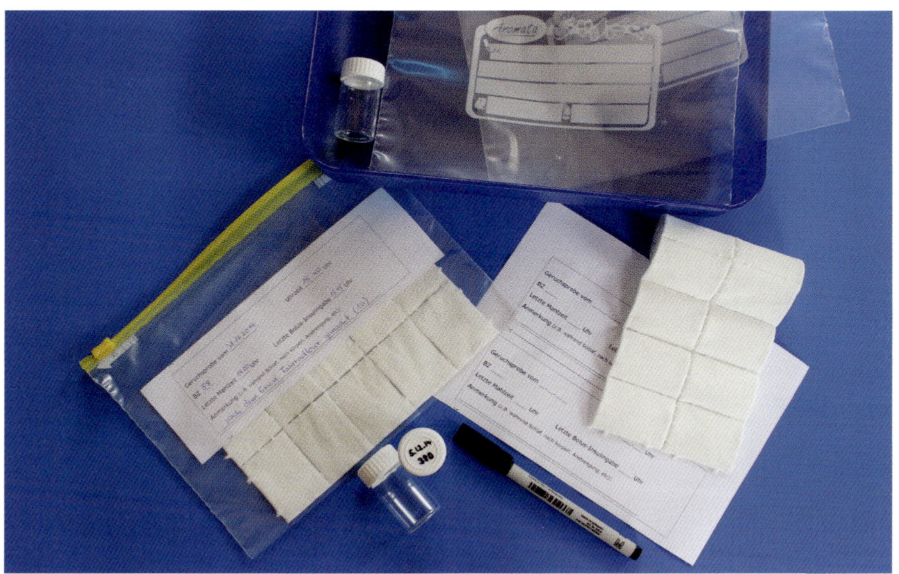

Abnahmeutensilien

Abnahme

Ihr Hund ist in der Lage, Ihren Geruch aus dem Atem, dem Schweiß und dem Speichel wahrzunehmen. Alle Varianten sind möglich, meistens wird der Schweiß bevorzugt, weil die Abnahme am einfachsten ist. Wenn Sie sich für eine Variante entschieden haben, sollten Sie diese auch während des Trainings beibehalten.

Für die Schweißabnahme benötigen Sie lediglich ein paar Zelltupfer und wischen sich zweimal kräftig über die Haut, zum Beispiel am Nacken. Für die Speichelabnahme geben Sie Speichel auf die Tupfer, für den

Atem hauchen Sie die Tupfer kräftig mehrmals an. Sowohl Speichel- als auch Atemprobenabnahmen können ein Problem darstellen, wenn Sie oder auch Ihr Kind sich bereits in einer schlechten Verfassung befinden. In der Regel ist es unkomplizierter, dem Kind unbemerkt über die Haut zu wischen, als es im Unterzucker noch zu bitten, einen Tupfer anzuhauchen oder mit Speichel zu versehen.

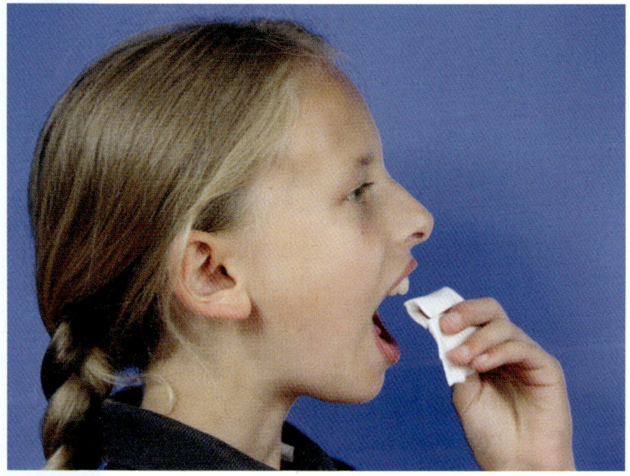

Erstellen von Geruchsträgern mit Speichel.

Erstellen von Geruchsträgern mit Atemluft.

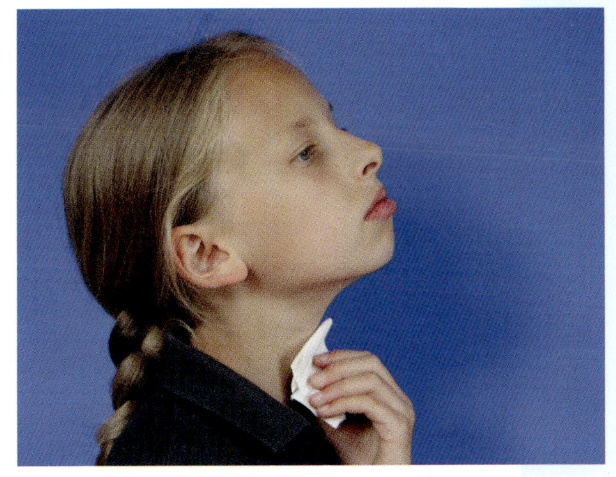

Erstellen von Geruchsträgern mit Schweiß.

Für die Abnahme und auch während des Trainings benötigen Sie keine Handschuhe oder Pinzetten. Ihr Hund hat eine wirklich sehr feine Nase und er wird schnell lernen, den richtigen Geruch herauszufiltern. Laut einer Studie[30] hat die Berührung der Geruchsproben mit der bloßen Hand bei der Abnahme und beim Training keine Bedeutung. Während 61% der Probanden Geruchsproben mit ihren Händen „kontaminierten" und die restlichen 49% Pinzetten, Handschuhe und Ähnliches benutzen, kamen beide Gruppen auf das gleiche positive Ausbildungsergebnis. Dies entspricht auch unseren persönlichen Erfahrungen während des Trainings. Achten Sie lediglich darauf, dass immer ein und dieselbe Person die Geruchsträger berührt, um unnötige Verwirrung zu vermeiden.

Auf gar keinen Fall sollten Sie Blutzuckerteststreifen als Proben benutzen, Ihr Hund riecht nichts in Ihrem Blut und auch sonstige Gerüche bleiben auf dem glatten Plastikstreifen nicht dauerhaft lange kleben.

Zeitpunkt der Abnahme

Wichtig hierbei ist, dass Sie möglichst viele unterschiedliche Geruchsträger sammeln. Träger sowohl aus dem Anzeigebereich wie auch der Passivzone. Sie benötigen sowohl ältere als auch jüngere Proben, querbeet durch alle Blutzuckerwerte und persönliche Verfassungen.

30 DIfA-Institut, „Diabetikerwarnhund, was riechst Du?", 2013

Anzeigebereich

Sie befinden sich im Über- oder Unterzucker. Hier gilt der absolute Grundsatz, erst die Geruchsträgerabnahme, dann die Zufuhr von Kohlehydraten oder Insulin. Wird der Geruch nach den Korrekturmaßnahmen abgenommen, ist er bereits verfälscht und nicht mehr verwendbar. Aber übertreiben Sie es bitte nicht, es gibt durchaus Momente, in denen der Geruchsträger gar nichts zu suchen hat, da steht an erster Stelle Ihre Gesundheit oder die Ihres Kindes.

Zu Beginn des Trainings eignen sich am besten Proben während eines starken Abfalls Ihres Blutzuckers. Der Grund für die Entgleisung spielt dabei keine Rolle. Hunde scheinen sich mit diesem generiertem Geruch am Leichtesten zu tun. Ist Ihr Hund im Training bereits weiter fortgeschritten, sollten Sie auch mit Geruchsträgern aus leichten Abfällen oder Anstiegen arbeiten (wie zum Beispiel eine leichte, schleichende Unterzuckerung im oder nach dem Schlaf).

Passivzone

Geruchsträger aus der Passivzone sollten Sie zu Beginn in Momenten entnehmen, in denen Sie sich weder zu nah an dem Anzeigebereich, noch in einem starken Blutzuckeran- oder abstieg befinden. Am besten irgendwo mitten aus der Passivzone, später bei guter Konditionierung Ihres Hundes können Sie diese bis an die Zonengrenze ausweiten.

Aufbewahrung

Wir haben in unseren Trainings alle möglichen Varianten ausprobiert, um Gerüche zu konservieren. Der nachfolgende Weg zeigt die Methode auf, die immer funktioniert hat und mit der wir erfolgreich eine Vielzahl von Hunden ausbilden konnten. Sie haben eine Probe, einen Geruchsträger, abgenommen. Jetzt verschließen Sie die Zelltupfer in einem luftdichten Plastikbeutel. Auf den Beutel schreiben Sie nun das Datum, den Blutzuckerwert und ein kurzes Stichwort zu der Abnahme-Situation, wie z.B. schneller Anstieg, im Schlaf, nach dem Sport oder zwei Stunden nach dem Essen etc.. Sie benötigen diese Katalogisierung, um für das Training einen Überblick Ihrer Geruchsträger zu behalten. Sie können für diesen Zweck auch Etiketten vorbereiten, die Sie dann nur noch auf den Beutel kleben und mit den Daten füllen. Sollten Sie zusätzlich ein CGM-System tragen, können Sie an Hand der Kurven und Daten den Zeitpunkt der Geruchsabnahme noch genauer spezifizieren und als Vermerk festhalten.

Die unterschiedlichen Geruchsproben dürfen nicht untereinander gemischt werden. Daher bekommt jede Probe (im besten Fall bestehend aus mehreren Zelltupfern einer Abnahme) einen eigenen Plastikbeutel mit Angaben. Die Beutel sollten sonnenlicht- und wärmegeschützt in einer großen Plastikbox aufbewahrt werden.

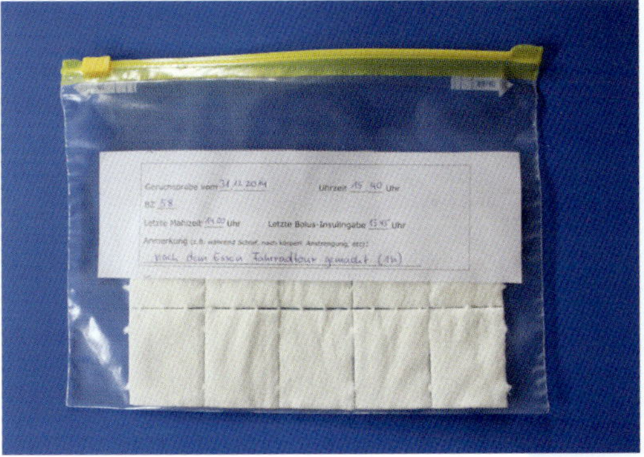

Geruchsträger in einem luftdicht verpackten Plastikbeutel sind ca. 8 Wochen haltbar.

Trainingsproben

Für das Training öffnen Sie nun lediglich den gewünschten Beutel, holen ein bis drei Zelltupfer heraus und stecken diese in Ihr Gläschen mit dem Schraubverschluss. Trainieren Sie den Hund für sich oder Ihr Kleinkind können Sie die Proben getrost mit den Fingern berühren. Soll der Hund mit den Gerüchen älterer Kinder oder anderer Personen arbeiten, benutzen Sie zu Beginn eine Einmalpinzette. Der Rest wird wieder verschlossen und kann für ein anderes Training eingesetzt werden. Den Schraubverschluss beschriften Sie ebenfalls mit dem entnommenen Blutzuckerwert. Andernfalls verlieren Sie sehr schnell den Überblick bei einem Training mit mehreren Geruchs-Gläschen.

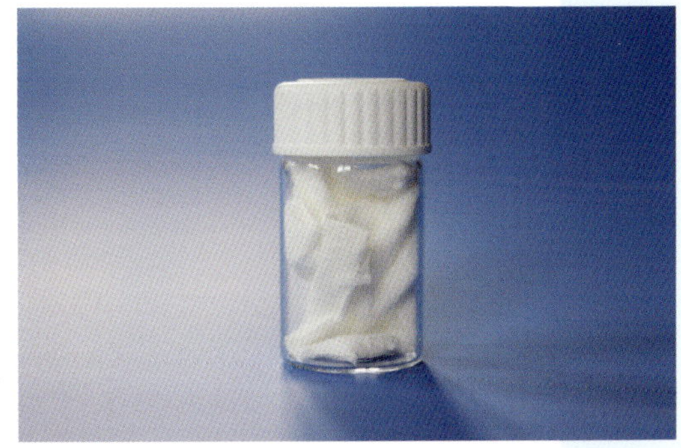

Geruchsträger in einem Schraubglas sollten maximal drei Mal benutzt werden. Bei Verunreinigung wird sofort gewechselt.

Generell gilt es, sehr sorgsam mit den Proben umzugehen. Die Trainingsproben in den Gläschen sollten Sie nicht mehr als maximal drei Mal einsetzen. Sollten Sie das Gefühl haben, dass die Probe während des Trainings verunreinigt worden ist, werfen Sie sie lieber weg und nehmen Sie eine neue. Mögliche Kontamination wäre:

- Der Hund kaut auf dem Geruchsträger herum
- Helfer verunreinigt die Probe beim Training durch Hineinfassen
- Futtermittel kontaminiert beim Bestätigen
- Erde oder Dreck gelangt beim Üben in die Probe
- Unterschiedliche Geruchsträger (zum Beispiel Unterzuckerprobe und Passivzonenprobe) berühren sich

Je weniger wir den Hund während des Trainings durch andere Gerüche verunsichern, umso leichter ist es für ihn, schnell zu lernen.

Einstieg in das Clickertraining

Dass der Hund den Geruch positiv verknüpfen soll, haben Sie schon im Kopf, und auch dass es wichtig ist, genau und auf den Punkt zu arbeiten. Hier bietet sich die Arbeit mit dem sogenannten „Clicker" an. Der Clicker ist nicht die einzige, aber eine sehr effektive Ausbildungsmethode für den Warnhund. Viele Hundeführer im Bereich Dog Dancing, Trick Dogging arbeiten mit dem Clicker, aber auch in den Bereich Jagd und bis ins Polizeihundewesen ist der Clicker schon vorgedrungen. Mittlerweile gibt es verschiedenste Ausführungen des „Knackfrosches".

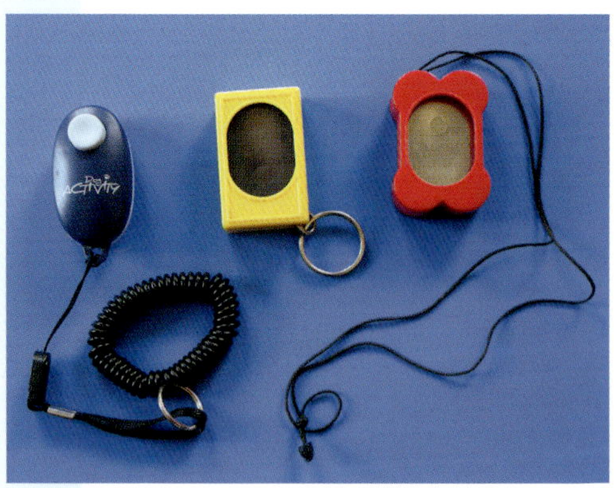

Clicker gibt es in den unterschiedlichsten Varianten. Sollte ihr Hund vor dem Clicker erschrecken, wählen sie eine leisere Variante.

Nach welchem System funktioniert der Clicker? Weder der Clicker noch sein Geräusch haben für den Hund eine Bedeutung. Die dafür notwendige „Konditionierung“ müssen Sie erst schaffen. Keine Bange, das ist ganz leicht. Ohne es zu wissen, haben Sie Ihren Hund schon oft „konditioniert“.

Oder was passiert, wenn es bei Ihnen klingelt? Der Hund hat gelernt, jetzt geht etwas los, und springt zur Tür, denn, wann immer dieses Geräusch ertönt, werden Sie aktiv. Für einen Welpen dagegen hat die Türglocke zunächst keine Bedeutung[31].

Das Geräusch des Clickers soll für den Hund bedeuten:

„Du bist gut – genau das ist es! Damit hast du dir ein Leckerchen verdient!“

Im Zusammenhang mit dem Clicker wird manchmal auch der Begriff „Brückensignal“ verwendet: Der Clicker überbrückt quasi die Zeit von der korrekt ausgeführten Aktion bis zu unserer Bestätigung. Sie können genau die Sekunde einfangen, in der der Hunde das gewünschte Verhalten zeigt. Stellen Sie sich vor, der Clicker ist ein Fotoapparat, mit dem Sie Aufnahmen von Ihrem Hund machen, wenn er sich wie gewünscht verhält.

Später können wir ihm auf diesem Weg ganz einfach klarmachen, welche Geruchsträger die „für uns wichtigen“ sind.

Aber noch gilt es, dem Hund die Bedeutung des Geräusches klarzumachen. Das nennt man „Anclickern“. Sie passen einen entspannten, ungestörten Moment ab, sorgen für reizarme Umgebung[32] und haben superleckere kleine Belohnungshäppchen vorbereitet. Wichtig ist, dass der Hund nicht lange kauen muss, sondern die kleinen feinen Happen direkt „inhaliert“. Greifen Sie hier ruhig in die Trickkiste! Gebratenes Hühnchen, Käse, Wurst – der Hund soll diese Belohnung ja nicht pfundweise bekommen – an oberster Stelle steht der Geschmack! Nun clicken Sie und werfen dem Hund ein Leckerchen, so dass er es sehen kann. Warten Sie bis der Hund gefressen hat, dann – Click, sichtig [33]werfen Sie das nächste Leckerchen. Dies wiederholen Sie mindestens zwanzig Mal. Ruhig mit

31 Manche Züchter machen sich die Mühe, den Welpen bereits auf den „Komm-Pfiff“ zu konditionieren, hier wird vor dem Füttern stets gepfiffen und der Welpe hat bereits gelernt, „Wenn ich DAS höre, schnell in die Richtung laufen, es lohnt sich!“

32 Dem Hund sollte es leicht fallen, sich auf Sie und die Aufgabe konzentrieren zu können.

33 „Sichtig“ bedeutet hier, dass der Hund den Flug des Leckerchens sehen kann.

kleinen Abständen zwischen einzelnen Clicks, aber das Leckerchen sollte stets direkt nach dem „Click" fliegen. Beobachten Sie den Hund genau – die erste zarte Verknüpfung ist schon entstanden, wenn der Hund direkt nach dem Clickgeräusch nach dem Leckerchen Ausschau hält.

Ist Ihr Hund noch sehr jung, ist nun die erste Lektion schon wieder vorbei. Generell sollten Sie gerade zu Beginn nicht länger als fünf Minuten clickern, und auch später gerade dann aufhören, wenn Ihr Hund noch mit Feuereifer dabei ist und Sie einen guten, für den Hund erfolgreichen Abschluss gefunden haben. Nehmen Sie sich ruhig Zeit, es ist nicht wichtig, dass der Hund dass Clickern in möglichst kurzer Zeit verknüpft, sondern dass er diese Art der Arbeit versteht und große Freude daran hat.

Ist Ihr Hund „ausgefuchst", wird er, hat er das Prinzip erst verstanden, schnell verschiedene Verhaltensweisen anbieten, um den Click „auszulösen".

Nun sollten Sie aber nicht sofort Ihre Geruchsträger auspacken!

Nutzen Sie diese Arbeit mit Ihrem Hund, um ihn genauer kennenzulernen, sein Lerntempo einzuschätzen und seine Körpersprache und seine Ausdrucksweise zu studieren. Wie sieht er aus, wenn er grübelt, was ist sein „Aha"-Gesicht, wenn er den entscheidenden Einfall hat, ist er noch zögerlich oder bereits wild entschlossen und von seiner Idee überzeugt? Diese Beobachtungen werden später Ihr Handwerkszeug sein, wenn Sie entscheiden müssen, ob Ihr Hund gelangweilt herumsteht oder etwa den gesuchten Geruch in der Nase hat, im Entscheidungsprozess festhängt und mit etwas Ermutigung Ihrerseits anzeigen würde. Hier ein Beispiel, wie Sie mit Ihrem „angeclickerten" Hund [34] erfolgreich in die Arbeit mit dem Clicker einsteigen.

Lassen Sie Ihren Hund Ihre Hand berühren.

Das ist ein schöner Übergang aus dem „Anclickern" in die Arbeit „hinüberzublenden". Hat der Hund im „Anclickerprozess" das Click und das darauf folgende Leckerchen noch umsonst bekommen, soll er nun Ihre Hand berühren. Unterstützen Sie den Hund zu Beginn, indem Sie so tun, als hätten Sie etwas in der Hand. Möchte er nachsehen, clicken Sie in dem Moment, in dem die Hand berührt wird. Wichtig ist, dass Sie das

34 Angeclickert bedeutet hier, dass der Hund auf den Clicker konditioniert ist. Er hat verstanden, dass, wann immer das Geräusch ertönt, er richtig gehandelt hat und sogleich mit einem Leckerchen belohnt wird.

Leckerchen nun wegwerfen, der Hund wird sich das Leckerchen holen und sich erneut auf den Weg machen, um zu sehen, was die Hand Spannendes für ihn bereit hält. Aber berührt er diese nur, ertönt das Geräusch und das Leckerchen fliegt. Ebenso beim nächsten Mal. So wird es nicht lange dauern, bis der Hund auf die Idee kommt, es könnte etwas mit der Hand zu tun haben.

Ist die Erkenntnis erst einmal gereift, geben Sie Ihm noch einige Male Gelegenheit, sein Wissen zu nutzen und beenden dann das Training. Wie Sie das tun, bleibt Ihnen überlassen. Zum Beispiel können Sie eine besonders schöne Ausführung mit ganz vielen Clicks in Folge belohnen und den Rest Ihrer Leckerchen auf einmal herausgeben. Wichtig ist nur, dass das Ende stets positiv ist und der Hund versteht, dass das Training mit diesem Ritual beendet wird.

Stupst der Hund die leere Hand an, clickt es augenblicklich.

Möchten Sie eine komplexere Abfolge erarbeiten, z.B. der Hund schiebt ein Spielzeugauto mit der Nase, gehen Sie in Teilschritten vor: Hier bekommt der Hund schon einen Click, wenn er das Auto nur anschaut. Hat er die Idee, es könnte etwas damit zu tun haben und macht er einen Schritt drauf zu, „Click", er berührt es fast „Click" ... Sie sollten Ihre Teilschritte schon vor Beginn der Übung im Kopf haben. Ebenso kann es passieren, dass der Hund nach zwei Clicks direkt zum Auto geht und es mit der Nase berührt. Seien Sie darauf gefasst, dass auch Teilschritte übersprungen werden, dann müssen Sie wiederum parat haben, wie es weitergeht.

Zunächst wird Luise für das Berühren bestätigt.

Später bekommt sie einen „Click“, wenn sie das Auto schubst.

Hier kann Luise das Auto fahren und es können z.B. Fahrtrichtung oder Geschwindigkeit geclickt werden.

Mit Blick auf die spätere Aufgabe lohnt es sich, wenn das Clickertraining bei beiden gut „sitzt", [35] Differenzierungen zu erarbeiten. Das heißt, Sie präsentieren dem Hund Gegenstände, von denen er ein bestimmtes auswählen/anzeigen soll – auch dann, wenn die Gegenstände später ihre Plätze tauschen. Zum Beispiel: In welchem Glas ist der Ball? Unter welchem Topf ist ein Leckerchen versteckt?

Hier sind der Fantasie fast keine Grenzen gesetzt, bitte beachten Sie aber: Hunde nehmen Farben anders wahr als wir! Bei Differenzierungen sollten Sie daher keine Unterscheidungen von Farben verlangen.

Leckerchen und „Click" sind verheiratet – auf jeden Click folgt ein Leckerchen, auch wenn Sie sich „verclickt" haben. Sie arbeiten ausschließlich mit positiver Verstärkung. Korrigieren bzw. schimpfen Sie nicht, wenn der Hund sich falsch verhält, sondern versuchen Sie, die Situation so zu verändern, dass er auf die richtige Spur kommt. Teilen Sie komplexere Abläufe in Teilschritte ein. Je öfter Sie den Hund bestätigen, desto mehr Spaß wird er am Training haben. Nutzen Sie das Clickertraining, um Ihren Hund in seinem Lernverhalten und seiner Ausdrucksweise ganz zu studieren.

35 Auch von Ihnen wird ja gutes Timing und Fingerfertigkeit verlangt.

Einstieg in die Geruchskonditionierung

Nun geht es ans „Eingemachte“ bzw. „Eingetütete“. Sie und Ihr Hund sind bereits ein eingespieltes Clickerteam und Sie haben verschiedene Geruchsträger erstellt. Damit Sie Fehlverknüpfungen schon im Vorfeld vermeiden, lassen Sie uns noch einen weiteren Blick auf die Welt der Gerüche werfen: Und hier ist die Wortwahl schon bezeichnend – wir Menschen sind visuell orientiert und haben oft keine Vorstellung, wie genau Hunde Gerüche verarbeiten können. So ist ein Individualgeruch für den Hund nicht einfach ein Geruch, sondern er setzt sich aus verschiedenen Bausteinen zusammen. Zum Beispiel aus dem Alter des Geruchs[36], aufgenommenen Nahrungsmitteln, Adrenalin usw. Von diesen Bausteinen suchen wir jedoch nur eine ganz bestimmte „Sorte“. Hier ein Beispiel:

Stellen Sie sich vor, Sie selbst müssten erraten, auf welchen Geruchsbaustein es ankommt. In jedem Gläschen ist ein Geruchsträger. Die verschiedenfarbigen Bohnen stehen für die einzelnen Geruchsbausteine, aus denen sich ein Individualgeruch zusammensetzt. Im Folgenden sehen Sie drei Differenzierungen: In jedem Gläschen mit einem grünen Haken befindet sich der gesuchte Geruchsbaustein.

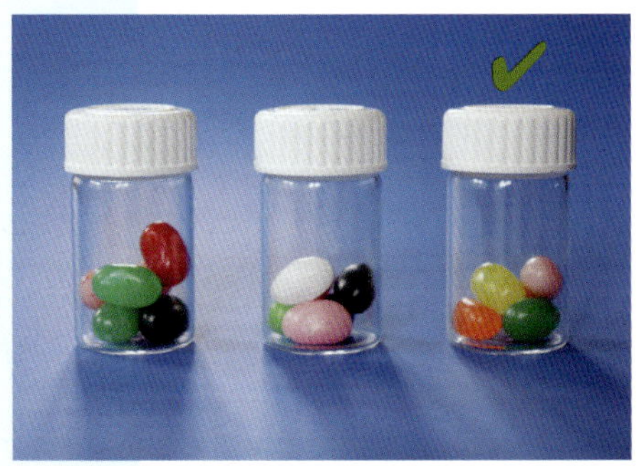

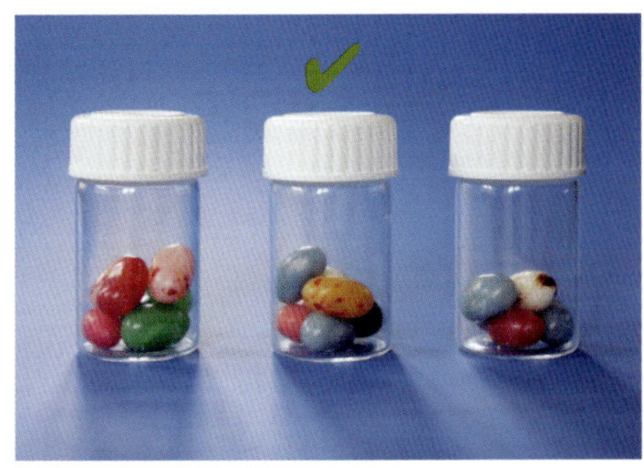

36 Ein versierter Mantrailer (Rettungshund, der mit Hilfe des Individualgeruchs einer gesuchten Person arbeitet) erkennt mühelos eine zehn Minuten ältere Spur als „alt“ im Vergleich zur eben durch die gesuchte Person gelaufene Spur!

Hier haben Sie die drei Gläschen nochmal im Überblick, quasi in Ihrem Geruchsarchiv:

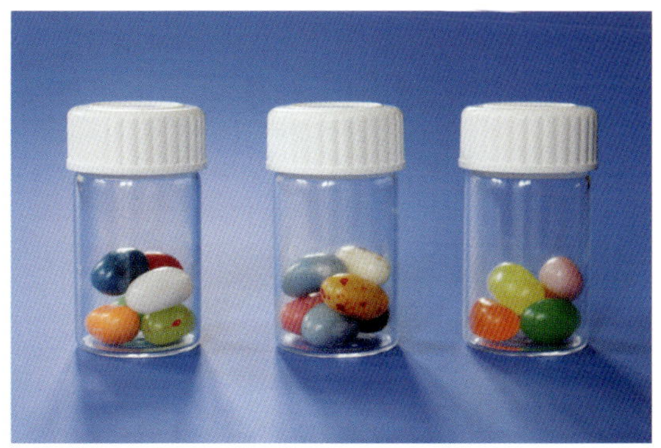

Was denken Sie? Welcher Geruchsbaustein könnte der gesuchte sein? Gelb? Nein, eine gelbe Bohne fehlt im mittleren Glas. Vielleicht weiß, bzw. eine rein weiße und zwei weiße mit braunen Sprenkeln? Sie haben fast die richtige Lösung, schauen Sie jedoch nochmal zurück auf die ausgeschlossenen Gläschen. Sie werden sehen, dass auch hier vereinzelt weiße Bohnen zu finden sind. Dann kann die gesuchte Farbe nur noch orange sein? Korrekt! Der Hund wird nie alle einzelnen Anzeigegerüche auswendig lernen können, Sie können unmöglich im Laufe des Trainings alle Varianten präsentieren. Das ist auch nicht notwendig – über die verschiedenen Differenzierungen kann der Hund den gesuchten Baustein eingrenzen, in unserem Fall. „Alles mit orange". Leider können wir unsere realen Geruchsträger nicht „durchschauen". Wir wissen nicht, welche „Bohnen" sich unbemerkt in die Gläschen mit dem Anzeigegeruch „geschlichen haben". Um zu verhindern, dass der Hund sich selbstständig etwas „zusammenreimt" was mit unserem „Anzeigegeruch" nichts zu tun hat, müssen wir dafür sorgen, dass er alle anderen Bausteine als „nicht entscheidend" einstuft. So sollten Sie in Differenzierungen immer mit Anzeigegerüchen und mit Geruchsträgern arbeiten, die in der Passivzone liegen. Lassen Sie Anzeigegerüche mit „leeren" Trägern vergleichen, könnte der Hund verknüpfen, dass seine Aufgabe lediglich darin besteht, den Träger mit dem Individualgeruch zu finden und anzuzeigen. Arbeiten Sie z.B. stets mit älteren Unterzucker-Gerüchen im Vergleich zu Geruchsträgern aus der Passivzone, die erst wenige Minuten alt sind, könnte der Hund verknüpfen, seine Aufgabe sei, den Individualgeruch zu suchen, der älter ist als 24 Stunden. Damit Sie Ihrem Hund schon bei den ersten Differenzierungen bestmögliche Erfolgserlebnisse bieten können, beachten Sie bitte: Zu Beginn des Trainings erkennt der Hund UZ-Werte leichter als ÜZ-Werte. Werte, die schnell erreicht wurden (rasanter Auf- oder Abstieg des BZ-Spiegels) erkennt er generell schneller und einfacher. (Wenn wir bei unserem Bild bleiben möchten, entspräche ein schnell gefallener Unterzucker einer knallorangen Bohne, ein extrem langsam gestiegener Überzucker vielleicht einer roten Bohne mit einem kleinen orangen Punkt) Daher starten Sie am besten bei Ihren Differenzierungen mit einem schnell erreichten UZ-Wert. Ehe Sie nun sagen „Na, endlich!" Und Ihre Proben holen, vergessen Sie bitte nie, sich oder auch Ihr Kind vor Beginn des Trainings zu messen.

Tapfer haben Sie sich durch die Theorie gekämpft, Passivzone und Anzeigebereich bestimmt und das Clickern gelernt. Jetzt geht es los! Nun erfahren Sie, wie Sie Ihren Hund auf den gesuchten Geruch „konditionieren".

Auch hier gilt, wie so oft in der Arbeit mit dem Hund: Es führen viele Wege zum Ziel. Eines sollten Sie sich jedoch immer im Hinterkopf behalten: Ziel ist, dass Sie den Unterzucker-Geruch (wie es sich mit der Überzuckerung verhält, erfahren Sie auf S. 135, Die Anzeige der Überuckerung) für Ihren Hund zur aufregendsten Sache der Welt machen. Das geht natürlich nur, wenn alles um diesen Geruch herum positiv verknüpft ist, etwa so, wie für Sie der Geruch von Omas Apfelkuchen, wenn Sie sie früher am Sonntag besucht haben, rundherum mit positiven Erinnerungen und Gefühlen verknüpft ist. Lassen Sie Ihren Hund spüren, in welch positive und aufgeregte Stimmung Sie das Training mit dem Geruchsträger versetzt, unabhängig davon, für welche Art der Anbahnung Sie sich entscheiden.

Bitte denken Sie stets daran, sich selbst bzw. den Assistenznehmer vor dem Training zu messen! Der Hund könnte sonst bei einer bestehenden Unterzuckerung verknüpfen, „Ich soll UZ-Gerüche anzeigen, aber nur die alten. Riecht es frisch, ignoriere ich es einfach, es ist nicht von Interesse".

Erarbeitung des gesuchten Geruchs über die Differenzierung mit dem Clicker

Haben Ihr Hund und Sie viel Spaß an der Arbeit mit dem Clicker, bietet es sich an, mit diesem Arbeitsmittel einzusteigen. Sie stellen einen schnell erreichten Unterzuckergeruch und einen oder zwei Gerüche aus der Passivzone zum Differenzieren gegenüber. Dabei sollte der Aufbau möglichst identisch zu den Differenzierungen mit den Gegenständen sein (s. S. 111). Ganz wichtig: Die Geruchsträger müssen für Sie schnell und eindeutig zu unterscheiden sein. Der Hund sollte dagegen nur über den Geruch differenzieren können. Dies könnte z.B. so aussehen:

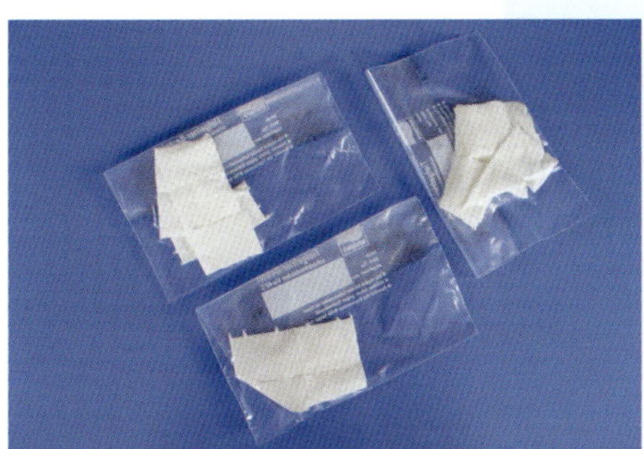

Hier drei Tüten mit Geruchsträgern aus identischem Material. Durch die Beschriftung wissen Sie, in welcher Tüte der gesuchte Geruchsstoff ist. Dies ist selbstverständlich auch mit beschrifteten Gläschen möglich.

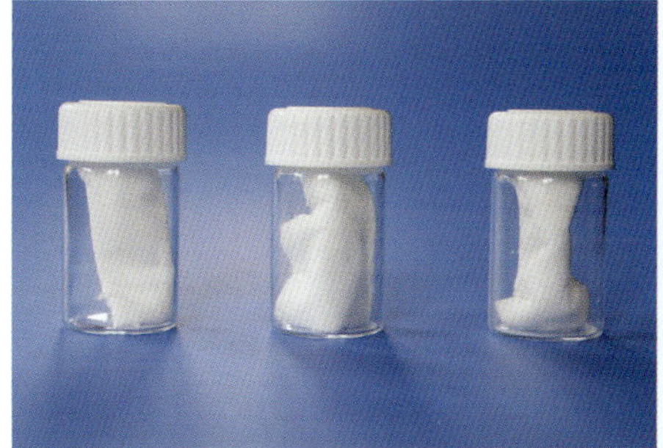

Sie steigen wie gewohnt in die Übung ein. Zeigt der Hund den Unterzuckergeruch sicher an, werfen Sie ein Leckerchen weiter weg. Und auch das nächste. Nutzen Sie die Zeit, in der der Hund Ihnen den Rücken zudreht, um die Plätze der Geruchsstoffe schnell zu wechseln. Tut dies ein Helfer, sollte er alle Geruchsträger schnell berühren, um so wieder eine „olfaktorische Gleichheit" herzustellen.

Kontaminiert der Hund die Geruchsträger selbst, indem er sie trägt oder darauf herum kaut, müssen diese ausgetauscht werden. Besteht die Gefahr bei Ihrem Hund ohnehin, arbeiten Sie am besten mit Behältern, die nicht zum Apportieren einladen,

Der Geruchsträger wird kontaminiert – ein Helfer tauscht aus.

z.B. Blumentöpfen, unter denen Sie die Geruchsträger verstecken. Bitte beachten Sie aber unbedingt: Nach jedem Training müssen die Töpfe in die Spülmaschine. Sonst konfrontieren Sie den Hund unbeabsichtigt mit einem verwirrenden Geruchscocktail aus alt, neu, Unterzucker oder Werten aus der Passivzone.

Pika weiß genau, unter welchem Topf der Geruchsträger liegt.

Sie werden sehen, es geht sehr schnell und Ihr Hund kann Ihnen den gesuchten Geruch mühelos und sicher zeigen. [37] Dies sollten Sie mit verschiedenen UZ-Trägern und auch Werten aus dem Zielbereich üben. Je nach Alter und Veranlagung des Hundes wird dies zwischen wenigen Tagen und wenigen Wochen dauern, überstürzen Sie nichts. Ist für den Hund nicht von Beginn klar, welches der gesuchte Geruch ist, ist ein Erfolg eher unwahrscheinlich. Nun sagen Sie zu Recht: „Töpfchen schön und

37 Es geht umso schneller, je eindeutiger/unterschiedlicher die Gerüche sind. Ein „Anfänger" wird einen eher langsam erreichten UZ von 70 mg/dl und eine 100 mg/dl, die durch schnellen Fall erreicht wurde, zunächst schwer differenzieren können.

gut, aber der Hund soll doch bei mir / bei meinem Kind anzeigen!" Daher „verlassen" wir das Spielfeld, sobald die Differenzierung klappt:

Der Aufbau der Geruchsträger ist wie immer, nur ist diesmal kein UZ-Geruch dabei, sondern dieser ist im Bücherregal zwei Meter daneben versteckt. Kommt der Hund nicht selbstständig auf die Lösung, kein Problem, Sie geben einfach einen dezenten Hinweis. Der Geruch kann natürlich auch auf einem Stuhl „versteckt" sein, unter dem Tisch oder bei Ihnen / Ihrem Kind. Klappt dies gut, gehen wir den nächsten Schritt: Der Geruch kann auch außerhalb des Raumes, in dem bislang trainiert wurde, auftauchen: im Auto, auf dem Spaziergang, bei Freunden, Ihrer Fantasie ist lediglich eine Grenze gesetzt: Trainieren Sie in dieser Phase nicht in für den Hund belastenden Situationen. Hat der Hund Unsicherheiten, sollten diese separat bearbeitet werden. Dafür können Sie jederzeit einen Geruchsträger in die Situation „schmuggeln" – egal ob morgens beim Zähneputzen, spät abends, zur Kaffezeit, der Geruch kann überall sein: Wie im richtigen Leben.

Lob und Suche

Wenn Sie mit dem Clicker nicht „warm" geworden sind, hier die frohe Botschaft: Es geht auch ohne. Sie benötigen zunächst nur einen Geruchsträger – wie gehabt am besten einen möglichst schnell erreichten Unterzuckergeruch. Nun zeigen Sie dem Hund die Tüte, die idealerweise verführerisch raschelt. Diese Art von Konditionierung ist bei fast allen Hunden bestens geglückt. Schnuppert er hinein, loben Sie den Hund überschwänglich und werfen ihm ein Leckerchen.

Sicher kehrt er zur Tüte zurück, um zu sehen, ob da nicht doch etwas versteckt ist. Und schon wieder großes Lob, Leckerchen fliegt. Nun sollten Sie die Tüte in die andere Hand nehmen – denn bei dieser Methode ist es wichtig, genau darauf zu achten, dass keine Fehlverknüpfungen entstehen. Während der Hund beim Clickern bereits zu Beginn feststellen kann, dass es sich nicht um Individualgeruch oder Eigengeruch des Trägers handelt, oder gar um die Tüte, müssen Sie hier dafür sorgen, dass der Hund die richtigen Schlussfolgerungen zieht.

Die Tüte wechselt erneut die Hand, liegt auf dem Boden, im Regal, zum Ende der Einheit, die nicht länger als drei Minuten dauern sollte, verlässt der Geruchsträger die Tüte und kann separat gezeigt werden.

Vicky sucht den Geruchsträger in der Tüte und am Boden.

Für das nächste Training sollte in jedem Fall ein anderes Trägermaterial gewählt werden.[38] Sitzt das „Zeigen“, kann der Geruch „versteckt“ werden. Arbeiten Sie mit einem Retriever, bietet es sich unter Umständen an, das Apportieren in das Training mit einzubeziehen.

Egal ob Sie Geruchsträger an Suchendummys binden oder ein komplettes T-Shirt in einen Futterdummy stecken, wichtig ist, dass Sie Ihrer Freude großen Ausdruck verleihen, wenn sich der Hund mit dem gesuchten Geruchsträger beschäftigt.

Ein Futterdummy mit T-Shirt und ein Dummy mit Geruchsträger umwickelt.

Jeder Apport ist ein Geschenk! Auch wenn der Hund nicht den Gegenstand mit dem Geruchsträger bringt, nehmen Sie den Apportiergegenstand freudig und mit Respekt entgegen. Veranstalten Sie dagegen eine Konfettiparade, wenn es um den gesuchten Geruch geht!

Auch hier verlassen Sie schnell den Ort, an dem Sie das Training begonnen haben: Überall kann ein Dummy für den Hund versteckt sein: im Auto, oder auf dem Spaziergang, im Schreibtisch einer Kollegin, wichtig ist nur, dass der Hund zur Erkenntnis kommt, dass es einzig und allein um diesen besonderen Geruch geht.

38 Gerne auch ein ganzes Kleidungsstück, bitte beachten Sie, dass dieses ausgezogen wird, ehe Sie mit Saft oder Traubenzucker „gegensteuern“.

Konditionierung über Spiel

Wenn Ihr Hund so gar keine Lust hat, machen Sie ihm mit dem „Critter“ Beine. Der Critter [39] ist DAS Hundespielzeug und kann mit einem Geruchsträger, dem man dem Critter um den Schwanz bindet, als Konditionierungswerkzeug genutzt werden. Zusätzlich an eine Reizangel gebunden, lockt dies wirklich jeden Hund aus der Reserve.

Verschiedene Critter.

Schnauzer Lupo mit Reizangel und Critter.

39 Critter heißt im Englischen so viel wie kleines, pelziges Tier.

Durch die Angel wird das Spielzeug in seinem Verhalten unberechenbar – eben liegt es noch still im Gras, schon setzt es zu einem großen Sprung an. Gerade noch hat Ihr Hund den Critter am Schwanz gepackt, das eingearbeitete „Quietschi“ gibt schrille Töne von sich, erwischt!

Auf den ersten Blick scheint diese Methode die reizvollste von allen. Soviel Spaß und Dynamik! Die Konditionierung über das Spiel ist jedoch die kniffligste von allen: „Fahren" Sie den Hund „zu hoch", wird er kopflos dem Critter hinterherhetzen. Die Chance, dass er in diesem Zustand etwas lernt und den Geruch für sich abspeichert, ist gering. Aber auch wenn Sie die richtige Balance finden, ist das Risiko einer Fehlverknüpfung groß. Der Hund verbindet unter Umständen die Aufgabe ausschließlich mit Critter und/oder Reizangel. Um zu überprüfen, ob es der Unterzuckergeruch tatsächlich in das „Geruchsarchiv" Ihres Hundes geschafft hat, können Sie wie folgt vorgehen: Während des Trainings „springt" der Critter immer wieder dorthin, wo er für den Hund nicht zu sehen, zu erreichen, aber zu riechen ist. Zum Beispiel auf den Tisch, den Zaun, das Fensterbrett. Erst nach einer natürlichen Anzeige des Hundes wird das Spiel fortgesetzt[40]. Außerhalb der Spielsituation haben Sie nun die Möglichkeit, an den gewohnten Stellen Critter zu verstecken – Critter mit Unterzuckergeruch, Critter ohne Geruchsträger sowie Critter mit Geruchsträgern aus der Passivzone. Nur die ersten werden durch die Anzeige des Hundes „zum Leben erweckt" – ein ausgelassenes Spiel (hier natürlich ohne Reizangel) beginnt. Spätestens jetzt lernt der Hund, dass ein Critter ohne Unterzuckergeruch ein „Blindgänger" ist.

Bitte bedenken Sie, dass alle Töpfe, Gläschen, Spielzeuge und Tüten, die mit Geruch in Kontakt gekommen sind, zunächst nicht mehr für Differenzierungen genutzt werden können. Auch wenn Sie nicht sicher sind – waschen und spülen Sie die Gegenstände lieber einmal zu viel, ehe Sie den bis dahin im Training sicheren Hund verwirren.

Die Nase Ihres Hundes kann nur funktionieren, wenn die Schleimhäute feucht sind!

Unser kleiner Trick: Einfach in den Wassernapf ein Stück Trockenfutter werfen – schon ein kurzer „Haps" ins kühle Nass genügt.

40 Unter der natürlichen Anzeige versteht man das Verhalten, das der Hund hier spontan zeigt, um das Spielzeug wieder „hervorzulocken" – ob artiges Absitzen oder freches Bellen spielt dabei zunächst keine Rolle.

Einstieg in das Anzeigetraining

Im Kapitel „Zielbeschreibung“ haben Sie verschiedene Anzeigeformen bereits kennengelernt, nun geht es darum, wie Sie das Anzeigeverhalten Ihres Hundes kultivieren. Es kommt Ihnen bestimmt merkwürdig vor, aber das Wichtigste ist zunächst, dass Sie die gewünschte Anzeige nicht mit einem Kommando verknüpfen. Die Anzeige ist das Instrument Ihres Hundes, er soll diese einsetzen. Die Anzeige darf nicht von Ihnen abgerufen werden – aber die Anzeige soll von Ihnen geformt und bearbeitet werden.

Vielleicht möchten Sie, dass der Hund Sie anstupst oder kratzt. Am besten nehmen Sie ein Leckerchen in die Hand, setzten sich zu Ihrem Hund auf den Boden[41] und zeigen es ihm. Nach dem ersten Stupser oder Kratzer wird der Hund sofort bestätigt, das kann per Leckerchen oder auch per Clicker plus Leckerchen erfolgen. Da dies für den Hund in der Regel keine hohe Hürde darstellt, sollten Sie diese Art der Anzeige nur kurz „trocken“, d.h. ohne Unterzuckergeruch üben. Danach wird der Hund nur noch für die Anzeige bestätigt, wenn tatsächlich eine Unterzuckerung vorliegt, egal ob im Training oder in der Realität.

Das erste Stupsen kann mit einem Post-It geübt werden.

41 Dies klärt für den Hund die Situation, es ist keine Unterordnung gefragt, sondern etwas Neues – die Bereitschaft, etwas auszuprobieren, steigt.

TomTom lernt „Kratzen".

Viele Diabetikerwarnhunde werden für Kinder ausgebildet. Hier ist das Bellen eine sehr gute Anzeigeform, die Sie zudem leicht anbahnen können: Bei einigen Hunden kann man einen „Beller" bereits durch „Anpusten" auslösen. Bestimmt hat der Hund aber ein Lieblingsspielzeug, mit dem er auf hohem Erregungsniveau spielt. Es sollte auf keinen Fall ein ruhiges Spiel (z.B. Brett- und/oder Intelligenzspiel) sein, welches dem Hund eine Menge Impulskontrolle abverlangt, denn genau diese Kontrolle sollte er idealerweise über Bord werfen, wenn Sie mitten im wilden Spiel das Tau oder Quietschie oder was auch immer außerhalb der Reichweite Ihres Hundes provokant baumeln lassen. Bei manchen Hunden geht es relativ schnell, andere müssen extrem „hochgefahren" werden, ehe sie sich zu dem ersten „Beller" hinreißen lassen. Manchmal hilft es auch, wenn Sie sich den Hund eines Freundes, der in vielen Situationen bellfreudig ist, dazu holen. Diese Art von Unterstützung wirkt oft Wunder.

Vielleicht ist Ihr Hund aber auch kein wilder Feger, sondern ein pflichtbewusster Arbeiter. Dann könnten Sie ihm eine Aufgabe stellen, die ihn aus Entrüstung bellen lässt. Verstecken Sie kleine Spielzeuge, die Sie den Hund apportieren lassen: Eines auf dem Stuhl, eines unter dem Tisch, eines auf dem Fensterbrett und, wenn der Hund gerade fröhlich bei der

Sache ist, eines, natürlich sichtig, im Kronleuchter. Klar, der Hund kann es nicht erreichen, er ist verwirrt, geht rückwärts und – wufft. Jetzt muss der Jubel natürlich groß sein. Kommt das Wuff allerdings nicht zeitnah, müssen Sie die Situation zügig wieder auflösen, wir wollen nicht, dass der Hund das Gefühl bekommt, Sie würden Unmögliches verlangen (de facto könnte er die Situation auch über das Bellen lösen, das weiß er aber in der Phase der Anbahnung nicht).

Das ist auch der Grund, warum die Anzeige nicht sofort im Training mit dem Unterzuckergeruch erarbeitet wird: Sind Sie sich hundertprozentig sicher, dass schon bei der zweiten Situation die gewünschte Anzeige erfolgt, können Sie es gerne so trainieren. Erfolgt sie jedoch nicht, haben Sie ein echtes Problem: Der Hund wird immer verzweifelter, weiß nicht, was er soll, ist mutlos und verknüpft das schlimmstenfalls mit der Arbeit am Geruch. Kommt es im Training mit einem Spielzeug zu einer solchen Situation, lässt sich die ganz leicht auflösen – Sie gehen einfach zur Tagesordnung über, das Spielzeug war nicht wichtig.

Der Unterzuckergeruch ist die aufregendeste und schönste Sache der Welt, darauf lassen wir nichts kommen!

Vom ersten entrüsteten „Wäff“ bis zum klaren, lauten und ausdauernden Bellen ist es ein langer Weg, auf dem Sie Ihren Hund dahin steuern müssen, wo Sie ihn haben möchten: Aus dem „Wäff“ wird ein „Wau“, aus einem werden zwei, aus den zweien eine ganze Serie, ist die Serie da, bestärken Sie den Hund nicht nach jedem „Wau“, sondern nur nach einer Reihe, gelingt dies gut, gehen Sie weiter weg vom Hund, dann außer Sicht,[42] werden die „Waus“ wieder zaghafter, gehen Sie zwei Schritte zurück und bestätigen schon nach den ersten „Bellern“ – und so fort. Ein Patentrezept gibt es hier nicht, das Tempo gibt Ihr Hund vor.

42 Dies macht Sinn, wenn Sie den Warnhund nicht für sich, sondern für einen Assistenznehmer ausbilden.

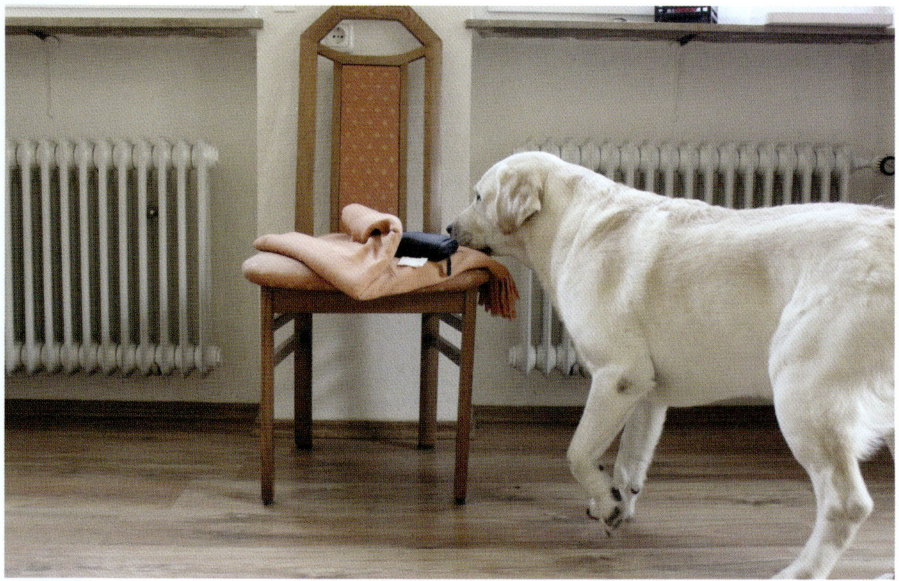

Deacon findet die UZ-Probe und direkt daneben die Messtasche.

Nun wandert die Messtasche etwas weiter von der Geruchsprobe weg.

Hier liegt die Messtasche bereits dort, wo sie Deacon bei UZ-Geruch immer finden wird.

Der Klassiker in der Ausbildung von Diabetikerwarnhunden ist das Bringen des Messgerätes. Hier eine Möglichkeit, dies anzubahnen (in diesem Fall sollte der Hund bereits apportieren können): Sie verstecken einen Unterzuckergeruch und legen dazu ein altes Messgerättäschchen. Der Hund läuft zum Geruch, um diesen zu zeigen, Sie loben ihn, animieren ihn aber, für die Belohnung zu Ihnen zu kommen und vor allem das Messgerät mitzubringen. [43] Sitzt das Prinzip: Geruch = Messgerät apportieren = Bestätigung, ist es Zeit, dass sich Geruch und Messgerät langsam „auseinander bewegen".

In vielen Zwischenschritten ist der Geruch zu Ihnen gewandert und das Messgerät auf dem Platz, wo es immer für den Hund bereitliegt.

43 Um die ganze Sache etwas zu befeuern, können Sie das Täschchen mit Leckerchen füllen. Entscheiden Sie selbst, ob das für Ihren Hund eine Hilfe wäre.

Ähnlich ist der Aufbau mit dem Bringsel:

Deacon findet die UZ-Probe und direkt daneben das Bringsel.

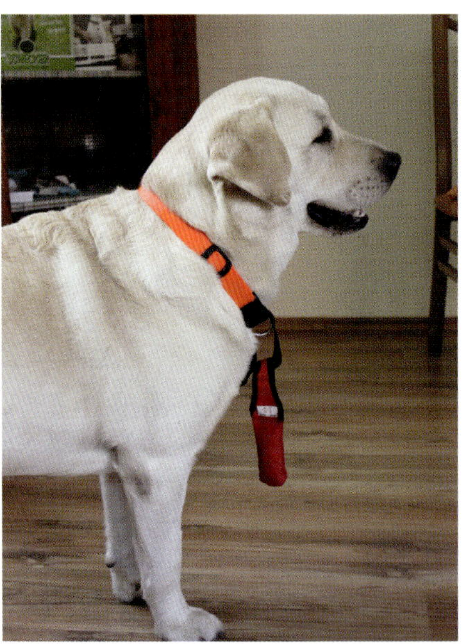
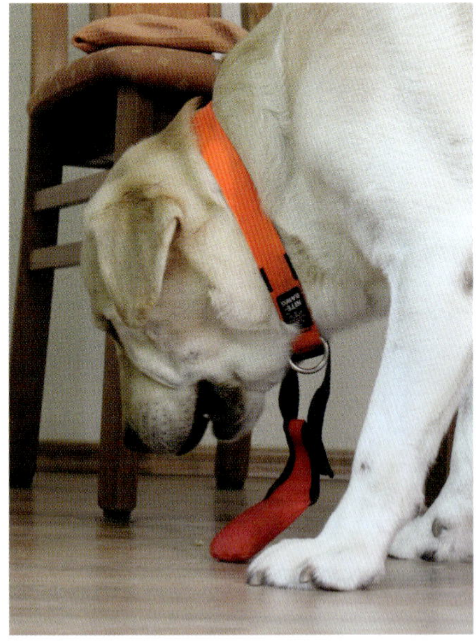

Deacon gewöhnt sich an das Bringsel am Halsband und lernt, es aufzuheben.

Geruch und Bringsel sind immer zusammen versteckt. Stets so, dass der Hund das Bringsel erst dann findet, wenn er danach sucht.[44] Sind Sie sicher, dass der Hund auch ausdauernd nach dem Bringsel suchen wird, bekommt er es an sein Halsband gehängt, er findet den Geruch, sucht wie immer nach dem Bringsel, das dort aber nicht liegt, sondern am Halsband hängt. Sucht er mit der Nase den Boden ab, kommt das Bringsel auf der Erde zu liegen und – „Ach, da ist es ja!" – wird vom Hund gefunden und gebracht!

Auch für das Anbahnen des Alarmknopfes/der Glocke gilt, zunächst sind zwei Stationen an einem Platz: Nämlich Sie und der Alarmknopf.

Aber eines nach dem anderen, zuerst muss Ihr Hund lernen, einen Alarmknopf zu drücken. Hier können Sie beispielsweise hervorragend mit dem Clicker arbeiten. Zum Beispiel können Sie aus unserer ersten Testübung, den Hund Ihre Hand berühren zu lassen, das Betätigen des Schalters herleiten: Zuerst berührt der Hund Ihre Hand, die immer näher zum Schalter wandert, dann berührt er nur noch den Schalter. Später bekommt er ein „Click" nur noch dann, wenn der den Schalter ordentlich und kräftig drückt. Möchten Sie, dass der Hund z.B. eine Tischglocke auslöst, können Sie die Anzeige anbahnen, indem der Hund zunächst lernt, an einem Gegenstand zu kratzen. Entdeckt er ein Leckerchen unter einem für ihn schwer zu bewegenden Gegenstand, wird er versuchen wollen, es sich mit der Pfote zu „angeln". Jetzt belohnen Sie ihn sofort mit einem noch besseren Leckerchen. In der Regel versucht der Hund dasselbe nochmal und wird wieder nur für das „Pfoteauflegen" belohnt. In einer weiteren Übungseinheit kann nun die Tischglocke auftauchen. Wird sie anfangs berührt, löst das großen Jubel aus, später erzielt nur noch ein klarer Ton eine leckere Belohnung. Um es mit dem Unterzuckerungsgeruch zu verknüpfen, wird der Hund erst für das Finden eines Geruchsträgers mit Unterzuckerungsgeruchs gelobt. Ehe es die „materielle" Belohnung in Form von Futter oder Spielzeug gibt, verlangen Sie, dass vorher Schalter/Glocke bedient werden. Gelingt dies sicher und zuverlässig, entfernen Sie sich langsam vom Alarmknopf. Läuft der Hund erst zum Knopf und holt sich dann seine Belohnung ab, hat er genau das Prinzip verstanden.

44 So wird „Schummeln" verhindert – der Hund soll sich am Geruch orientieren, nicht am Bringsel.

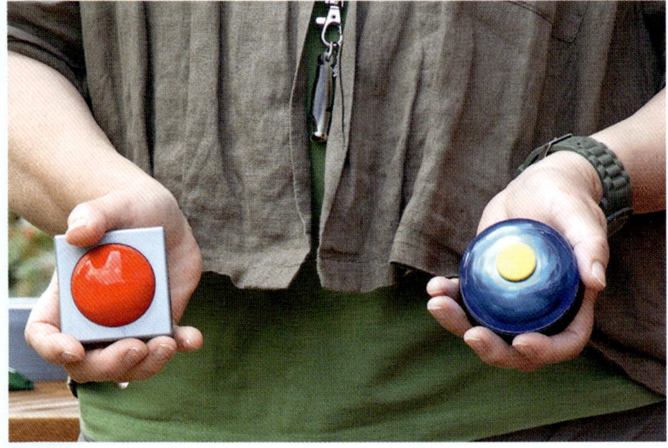

Verschiedene Alarmknöpfe.

Ob Ihr Hund mit Nase oder Pfote arbeitet, werden Sie schnell herausfinden.

Vielleicht sagen Sie aber nein, irgendwie war für uns nichts Richtiges dabei, ich könnte mir aber etwas ganz anderes vorstellen. Hervorragend! Dann haben auch Sie das Prinzip verstanden. Je maßgeschneiderter die Anzeige auf Ihre Lebenssituation passt, desto besser. Anhand der vorangegangenen Beispiele können Sie ableiten, wie Sie Ihre ganz individuelle Anzeige aufbauen.

Auch beim Trainieren der Anzeige gilt: Nach 1 kommt 2, gehen Sie stets schrittweise vor und nur dann weiter, wenn der vorherige Schritt sicher sitzt.

Fallbeispiele

Grau ist alle Theorie. Bei den folgenden Fallbeispielen erkennen Sie Ihren Hund bestimmt in einzelnen Verhaltensweisen wieder und können so den passenden „Mix" für Ihr Training zusammenstellen:

„Vicky", die Übereifrige

Golden Retriever-Hündin Vicky möchte stets alles richtig machen. Sie wurde zwar auf das Geräusch des Clickers konditioniert, am Clickern selbst hat sie jedoch wenig Freude – ausprobieren ist ihr generell ein Graus. Sie hat genau im Kopf, was richtig und falsch ist und möchte dies umsetzen.

Vicky soll eine Unterzuckerung bellend anzeigen. Die Hündin hat bereits über Lob und Suche gelernt, dass Unterzuckergeruch ein Feuerwerk an Lob und Belohnungen auslöst. Mit Begeisterung sucht und apportiert sie verschiedene mit Unterzuckergeruch präparierte Gegenstände. Parallel dazu hat ihre Besitzerin das „Anzeigetraining" begonnen: Sie spielt schnell, wild und mit viel Bewegung mit einem Ball, doch urplötzlich verschwindet er in der Jackentasche. Dabei wollte Vicky so gerne weitermachen. Im ersten Impuls setzt sie sich hin, als die Hundeführerin jedoch so tut, als würde sie werfen und den Ball stattdessen in der anderen Tasche verschwinden lässt, entfährt Vicky ein entrüstetes „wäff". Sofort fliegt mit einem Jubelschrei der Ball und das Spiel geht weiter.

Diese Art der Anzeige wird nur einige Male angebahnt, bis sicher ist, dass Vicky das Bellen in einer ähnlichen Situation ebenso zeigen wird. So setzt die Hundeführerin die Elemente zusammen: Bei einer

Trainingseinheit, in der Vicky besonders fit und gut bei der Sache ist, hängt auf einmal ein Dummy mit deutlichem Unterzuckergeruch im Baum. Vicky kann es fast erreichen, hüpft, springt, ärgert sich, während sie weiter motiviert wird, das Unmögliche zu schaffen. Da ist es wieder: Ein ärgerliches „wäff" entfährt dem Hund. Und hurra, der Jubel kennt kein Ende! Jetzt ist eine Feuerwerk-Belohnung fällig.

„Eggi", der Gelassene

Eggi ist ein Labradorrüde mit mittlerem Temperament. Seine große Leidenschaft, das Clickern, teilt er mit seinem zehnjährigen Assistenznehmer. Die beiden sind ein perfektes Team. So hat Eggi gelernt, innerhalb von zwei Wochen Individualgerüche aus dem Anzeigebereich und der Passivzone sicher zu unterscheiden. Zielsicher zeigt er mit der Nase immer wieder auf den gesuchten Geruch. Zunächst wurden die Geruchsträger in leeren Gurkengläsern präsentiert, diese „Versuchsanordnung" der Differenzierung wird nun mehr und mehr aufgelöst. Die Geruchsträger befinden sich jetzt nicht mehr im Glas und nicht nur auf dem Boden, sondern auch auf dem Stuhl, dem Küchenregal, der Stehlampe und so weiter. Parallel dazu bekommt Eggi ein neues, absolut aufregendes Spielzeug. Mit dem Critter wird wild und aufregend gespielt, abgebrochen und auf ein Wuff von Eggi geht es direkt weiter! Sitzt diese Art des Spiels, wird der „Critter" mit einem Unterzucker-Geruchsträger präpariert. Das Spielzeug mit unserem aufregenden Geruch verschwindet ungesehen in einem Regal. Auf ein „Wuff" von Eggi taucht der Critter wieder auf und das tolle Spiel beginnt von neuem. Später schmuggelt sich der Critter mit dem gesuchten Geruch immer wieder in den Alltag, ohne dass vorher mit ihm

Eggi fährt fast täglich mit der U-Bahn.

gespielt wurde. Geclickert wird zusätzlich, hier werden jedoch die Geruchsträger überall und vorzugsweise an Personen versteckt. Hat Eggi die leckere Belohnung schon vor Augen, geht er direkt in seine Anzeige. Nun muss alles nur noch so oft ablaufen, dass es im positiven Sinne automatisch sitzt.[45]

Lupo, der Selbstständige

Schnauzer wie Lupo werden eher selten als Warnhunde eingesetzt.

Obwohl Lupo mit dem Clicker vertraut ist, hat er an der Unterscheidung irgendwelcher Gerüche zunächst kein Interesse. Es gibt so viele aufregende und spannende Dinge, die man tun kann. Gerüche sortieren steht für ihn nicht unbedingt an erster Stelle. Für Lupo muss man den Geruch in besonderer Form präsentieren. Während der Labrador und die Golden Retriever-Hündin schon alleine um der Arbeit willen gerne mitmachen, steht für den Schnauzer zunächst der eigene Lustgewinn im Vordergrund – das ohnehin schon aufregende Spielzeug kommt an die Reizangel.

Stoppt die wilde Hatz, indem das Objekt der Begierde urplötzlich aus seinem Blickfeld verschwindet, kann er das Spiel neu mit seiner Anzeige starten. Wenn Sie jetzt sagen „Oh prima, dann bearbeiten wir ja zwei Sachen auf einmal: Die Konditionierung auf den Geruch und das Anzeigentraining, so baue ich das mit meinem Hund auch auf!" lassen Sie uns kurz erklären, warum diese Herangehensweise die ungünstigste aller Alternativen ist. Zunächst ist der Hund permanent in einem hohen Erregungsniveau. Wenn er mit heraushängender Zunge seinem Spielzeug

45 So, wie Sie z.B. Ihr Auto steuern: Sie denken nicht mehr darüber nach, bei welcher Drehzahl Sie schalten und wann Sie blinken, sondern handeln „automatisch."

hinterherflitzt, ist fraglich, wie viel er in diesem Zustand lernen kann. Und falls doch, womit verknüpft er den großen Spaß, tatsächlich mit dem Geruch? Oder auch mit der Reizangel, dem Spielzeug? Hier müssen Sie immer wieder gegensteuern. Tauschen Sie das Spielzeug aus, versuchen Sie, Tempo herauszunehmen und überprüfen Sie immer wieder, ob der Geruch, wenn er außerhalb des Spielkontextes auftritt, für den Hund eine besondere Bedeutung hat. Solange dies noch nicht der Fall ist, bauen Sie immer wieder Variationen ein, sodass der Hund den Geruch früher oder später als gemeinsamen Nenner erkennen muss.

Die ersten realen Anzeigen

Stellen Sie sich vor, wir spielen ein Spiel. Spielort ist Ihr Wohnzimmer. Während Sie vor der Tür warten, wird ein Stück Gebäck versteckt. Für jedes Teil, das Sie entdecken, bekommen Sie eine Belohnung. Dann werden Sie wieder hinaus geschickt, das Spiel beginnt von Neuem. Sie finden das Brötchen in der Obstschale, die Brezel im Bücherregal, das Weißbrot auf dem Türrahmen, als Sie zum vierten Mal in das Zimmer geschickt werden, steht mitten auf der gedeckten Kaffetafel eine Schwarzwälder Kirschtorte. Und? Was würden Sie sagen? „Gefunden!" oder eher „Äh, fällt das jetzt auch unter Gebäck?" Genau letzteres wird sich Ihr Hund fragen, wenn er außerhalb des Trainings zum ersten Mal eine reale Unterzuckerung bemerkt. Er wird nicht sofort anzeigen, sondern „nachfragen". Jetzt sind Sie als „Chef" gefragt, den Konflikt Ihres Hundes zu bemerken, ihn zu bestärken und zu bestätigen.[46] Was für ein Fest, wenn die erste Anzeige erfolgt ist! Selbstverständlich wird der Hund wie im Training sofort bestätigt. Sollte sich beim anschließenden Messen herausstellen, dass der Hund am Anzeigebereich vorbeigeschrammt ist, ist das kein Beinbruch. Allein die Übertragungsleistung von altem zu aktuellem Geruch, die der Hund leistet, bringt uns wieder einen großen Schritt nach vorn!

46 Sie ahnen es vielleicht schon, übersehen Sie die „Anfragen" Ihres Hundes wiederholt, kann er schnell eine Fehlverknüpfung herstellen: Die Gerüche, die ich in der Trainingssituation anzeige sind gut und wichtig, wenn sie noch frisch sind, sind sie aber nicht von Interesse.

Die Anzeige der Überzuckerung

Hier brauchen Sie zunächst Geduld und später einen gutes Auge, um Ihren Hund lesen zu können. Und schlussendlich auch die Fähigkeit, schnell zu kombinieren. Es ist für den Hund offensichtlich wesentlich schwieriger, mit dem Geruch einer Überzuckerung zu arbeiten, als sich mit niedrigen Werten zu beschäftigen. Auch wenn Sie immer wieder Geruchsträger aus dem Überzucker-Bereich in die Geruchsdifferenzierung schmuggeln. Ihr Hund wird sie zu Beginn der Ausbildung nicht erkennen. Das ist die schlechte Nachricht. Die gute ist: Ihr Hund gibt Ihnen Bescheid, wenn er soweit ist, in das Training mit den hohen Werten einzusteigen: Irgendwann wird er spontan eine Überzuckerung anzeigen – eventuell wird er „nachfragen" wie vor der ersten Realanzeige, er könnte die Unterzucker-Anzeige nutzen oder sich komplett anders verhalten. Wichtig ist, dass Sie dieses Wissen im Hinterkopf haben und es Ihnen im rechten Moment wieder einfällt. Dann zum Beispiel, wenn sich Ihr Kind nicht wie ausgemacht ein Milcheis, sondern ein Wassereis geholt hat, wenn Ihnen die Dame im Kino nicht wie bestellt ein Cola Light, sondern eine „Normale" eingeschenkt hat und wenn Ihnen Ihr Hund vermittelt: „Hier ist etwas aus dem Lot!"

Diese erste Anzeige ist auch gleichzeitig der Startschuss, nun kann auch in der Trainingssituation mit Überzuckerung gearbeitet werden[47]. Wenn Sie möchten, ist es nun auch möglich, eine eigene Anzeige zu etablieren. Gehen Sie einfach vor wie bereits unter S. 123 beschrieben.

Ihr Hund wird SOS-Verweiser

Wir freuen uns riesig, wenn Sie unternehmungslustig werden, mit Ihrem Hund durch Wald und Flur streifen und ganz sicher viele nette Hunde kennenlernen und die dazugehörigen netten Menschenbekanntschaften machen. Was aber, wenn Sie wirklich ganz alleine sind, Ihr Hund anzeigt, Sie aber trotz gegensteuern merken, dass Sie kurz davor sind umzukippen? Dies Szenario soll Sie nicht in Angst und Schrecken versetzen. Lesen Sie sich vielmehr das Folgende in Ruhe durch, und überlegen Sie, ob es für Sie eine Entlastung wäre, wenn Sie wissen, dass Ihr Hund gelernt hat, im Ernstfall beim Spaziergang, auf einem Ausflug oder mitten in der Stadt Hilfe zu holen.

47 Auch hier gilt: Steigen Sie bitte zunächst mit schnell erreichten Werten ein.

Der „SOS-Verweiser" kann von seinem Hundeführer in die Aufgabe geschickt werden, reagiert der Mensch jedoch nicht mehr, startet der Hund selbstständig: Er schnappt sich das SOS-Dummy und läuft zum nächsten Menschen, den er antrifft. Hier sitzt er ab und gibt so dem Menschen Gelegenheit, die Informationen auf der Tafel zu lesen.

Wird ihm das Dummy aus dem Fang genommen, führt er den Helfer zum Assistenznehmer und passt dabei auf, dass er nicht zu schnell vorangeht, damit der Helfer den Assistenznehmer auch zuverlässig erreicht. Reagiert der erste Passant nicht, läuft der Hund mit dem Dummy weiter zum nächsten und versucht sein Glück erneut.

Was Ihnen vielleicht beim ersten Lesen wie eine nicht zu bewältigende Abfolge kompliziertester Handlungen erscheint, ist schnell aufgebaut und macht Hunden großen Spaß. Allerdings braucht es viele, viele Wiederholungen sowie kleinschrittiges und genaues Arbeiten. Die Ausbildung und die Aufrechterhaltung kosten einige Zeit, stellen für den Diabetikerwarnhund aber einen schönen Gegenpol und eine Ergänzung zu der Arbeit mit den Gerüchen dar.

Sind Sie skeptisch, dass jemand Ihrem Hund auch folgen wird, wenn Sie ihn nach Hilfe schicken? Nun, wahrscheinlich ist, dass er auf den gewohnten Wegen auf Ihre Spaziergangsbekanntschaften trifft, Menschen, die Sie und Ihren Hund kennen und mit denen Sie vielleicht schon geübt haben und besprochen haben, was im Ernstfall zu tun ist. Idealerweise brauchen Sie das Gelernte niemals im Ernstfall – für das Gefühl, doppelt abgesichert zu sein lohnt sich das Training des „SOS-Verweisens“ in jedem Fall.

Es versteht sich von selbst, dass nur Hunde, die frei von Aggression gegenüber allen Menschen und Artgenossen sind, zum Hilfeholen geschickt werden können. Mit dem Training sollten Sie erst starten, wenn Ihr Hund gelernt hat, gerne und sicher zu apportieren – da es zu diesem Thema bereits hervorragende Literatur gibt (zum Beispiel die Kosmos Retrieverschule) möchten wir an dieser Stelle nicht weiter darauf eingehen. Vielleicht haben Sie aber auch Spaß daran, einen Dummykurs zu besuchen. Stehen die Grundlagen des Apportierens, kann es losgehen:

Schritt 1:

Der Assistenznehmer hat eine leckere Belohnung (nicht sichtbar für den Hund) und das Dummy, für den Hund sichtig. Er wird jedoch durch den Helfer animiert, ihn zu begleiten oder sicherheitshalber an der Leine weggeführt.

Sind beide zusammen in einiger Entfernung, wird der Hund durch den Helfer freigegeben. Vielleicht läuft der Hund, das Dummy noch im Kopf, sofort zum Assistenznehmer, er kann aber genauso gut durch diesen herangerufen werden.

Beim Assistenznehmer angelangt, gibt ihm dieser das Dummy in den Fang.

Direkt, nachdem er das Dummy aufgenommen hat, wird er vom Helfer gerufen und animiert, das Dummy zu ihm zu bringen. Besonders dem Absitzen vor dem Helfer sollten Sie von Anfang an große Bedeutung beimessen.

Ruhig und besonnen zu warten ist entscheidend für das spätere Gelingen der Übung. Diese Situation soll ruhig etwas länger dauern. Später müssen Passanten Zeit haben, die Karte zu lesen.

Wichtig ist hier: Nach dem Zeitpunkt der Übergabe bis zum Beginn des „Zurückführens" wird der Hund vom Helfer nicht mehr gelobt. Er wird bestätigt für das Halten, das Absitzen und das Präsentieren. Feiert man dagegen ein Freudenfest, wenn er lange präsentiert und gut ausgegeben hatte, verknüpft der Hund dies nicht zwingend mit dem korrekten Ausgeben. Er kann auch zu dem Schluss kommen, es erfolgt dafür, dass er das Dummy nicht mehr hat und wird es in Zukunft vielleicht dem Helfer vor die Füße werfen. Am besten ist es, sich nach der Übergabe eher neutral zu verhalten. Nun „belohnt" der Helfer den Hund zurück.

Vielleicht hat er von selbst die Tendenz zum Assistenznehmer zu laufen, falls nicht, wird er etwas animiert. Wichtig ist nur, dass er weder den Helfer stehen lässt, dies verhindert man durch regelmäßiges Belohnen auf dem Rückweg, noch dem Helfer hinterherläuft. Der Hund soll immer die Führung übernehmen und wird nach Erreichen des Assistenznehmers natürlich fürstlich belohnt.

Der Aufbau wird Ihnen nach einiger Übung schnell in Fleisch und Blut übergehen. Ehe Sie in das Training mit Hund starten, empfiehlt es sich, den Ablauf zunächst ohne Hund nur mit dem Helfer durchzuspielen. So ist garantiert, dass es reibungslos abläuft und auch alle Gegenstände (Belohnungen, Dummy) bei der richtigen Person sind.

Schritt 2:

Hat der Hund den Ablauf einige Male geübt, startet er von alleine: Der Assistenznehmer hat die Belohnung und das Dummy, der Helfer entfernt sich, während der Hund beim Assistenznehmer bleibt. Zunächst ist der Helfer für den Hund gut sichtig postiert. Später muss der Hund weiter laufen, oder den Helfer hinter einem Hauseck finden. Hier ist wichtig, dass Sie stets nur eine Schwierigkeit auf einmal einbauen: Entweder ist der Helfer weit weg, aber leicht zu finden, oder der Hund muss ein wenig suchen, aber der Helfer ist in der Nähe. Ansonsten ist die Vorgehensweise dieselbe wie bei Schritt 1. Zunächst mit weniger bekannten, später mit Fremdpersonen.

Helfer für den Hund zunächst nicht sofort zu entdecken.

Kommt ein neuer Aspekt dazu, werden die anderen Schwierigkeiten kurzfristig „abgebaut", damit sich der Hund nur auf die eine, für ihn neue Baustelle konzentrieren kann.

Schritt 3:

Auch der evtl. „Helferwechsel" wie auf Seite 137 abgebildet, sollte frühzeitig eingebaut und immer wieder im Wechsel geübt werden. Der Hund sitzt wie gewohnt vor, nach kurzer Zeit kommt ein neuer Helfer dazu, stellt sich in einiger Entfernung auf und ruft den Hund zu sich. Löst er sich schwer vom ersten Helfer, kann sich dieser einfach umdrehen.

Schritt 4:

Auch wenn der Assistenznehmer seinen Hund manchmal noch aktiv schickt, um einen Helfer zu suchen, wird er zunehmend passiver, sodass die Aktionskette später auch durch Bewegungslosigkeit und ein „zufällig" erreichbares Dummy ausgelöst wird.

(Siehe Bilderserie auf Seite 136, hier holt sich die Hündin das SOS-Dummy selbstständig aus der Handtasche der Assistenznehmerin).

Dokumentation

Schreiben ist präziseres Denken! Eine gute Dokumentation wird es Ihnen möglich machen, das Training sinnvoll aufzubauen, zu entwickeln und mögliche Stolpersteine schon im Ansatz zu erkennen und aus dem Weg zu räumen. Je schneller und einfacher eine Dokumentation abzuarbeiten ist, desto höher ist die Wahrscheinlichkeit, dass diese auch sicher stattfindet. Daher haben wir am Ende des Buches eine Materialsammlung angehängt, in der Sie Ihre Arbeitsmaterialien finden. Zunächst ganz praktische Hilfestellungen wie z.B. die Etiketten für das Erstellen Ihrer Geruchsträger (Seite 178). Wichtig ist uns das Trainingsprotokoll (Seite 182), mit dem Sie Ihre einzelnen Einheiten dokumentieren können. „Warum das", werden Sie sagen, „ich merke mir einfach, wo ich beim letzten Mal aufgehört habe." Dabei ist Kontinuität nicht das Ausschlaggebende. Wichtig ist, gab es ein eben aufgetauchtes Problem vielleicht schon einmal? Habe ich vielleicht schon oft mit Geruchsträgern eines bestimmten „Alterstyps" gearbeitet? Oder vorwiegend an einem bestimmten Ort zu einer bestimmten Tageszeit trainiert? Wann habe ich das letzte Mal mit Spiel bestätigt? In Ihrer Dokumentation können Sie zurückblättern, aber, was uns noch viel wichtiger ist, beim Formulieren gehen Sie das Training nochmals genau durch, bewerten es und entdecken so Parallelen, Auffälligkeiten, oder dass es einfach hervorragend läuft! Was Sie zudem unbedingt nutzen sollten, ist das Anzeigeprotokoll auf Seite 180.

Auch hier werden Sie die Anzeigesituation beim Ausfüllen nochmals genau überdenken und die Situation analysieren. Gold wert ist das Protokoll jedoch, wenn Sie Ursachen auf der Spur sind, die verhindern, dass Ihr Hund zuverlässig meldet. Pfeift Ihr Hund auf Ihren Unterzucker, wenn er mit dem Nachbarkind Ball spielt? Kein Problem, wenn er dafür alles stehen und liegen lässt, wird es Zeit, dass Sie mehr über das Spiel erfahren.

Lassen Sie sich einfach von Ihrem kleinen Nachbarn beraten! Vielleicht meldet Ihr Hund absolut zuverlässig, außer ... was ist die Gemeinsamkeit? Über die Auswertung Ihrer Protokolle kommen Sie schnell auf die Spur, „wo der Hund begraben liegt". Am Ende ist die Ursache die Terrierhündin von Tante Hilde, die Ihrem Warnhund von allen unbemerkt Schlimmes androht, sollte er sich in ihrer Gegenwart aufspielen, am Ende gar bellen! Oder Sie bekommen immer wieder eine Fehlanzeige in der gleichen Situation, zum Beispiel beim Messen? Vermutlich müssen Sie einfach nur eine Fehlverknüpfung zum Messgerät auflösen (mehr dazu ab Seite 158). Das Protokoll ermöglicht Ihnen auch ein einfaches Management der „variablen Belohnung (was genau sich hinter dem Begriff verbirgt, erfahren Sie ab Seite 150.

Während Sie sich mit dem Anzeigeprotokoll häufig beschäftigen, sollten Sie das individuelle Kompetenzprofil s. S. 184 Ihres Hundes dagegen maximal einmal im Monat erstellen. Hier können Sie die einzelnen Fähigkeiten Ihres Hundes abbilden, die für die Warnaufgabe nötig sind. So können Sie auch sehen, welcher Bereich vorrangig bearbeitet werden sollte. Jede einzelne Säule sollte möglichst gleichmäßig wachsen – besonders die Grundkompetenzen. Im nächsten Kapitel erfahren Sie, wie Sie Ihren Hund in seiner Entwicklung unterstützen können.

Arbeit an den Grundkompetenzen Ihres Hundes

Die folgenden Anregungen sollen Ihnen helfen, Ihren Hund nicht nur in praktischen, zur Warnaufgabe gehörenden Übungen anzuleiten, sondern möglichst viel von dem Potenzial, das in ihm steckt, zu entwickeln. Dies ist natürlich sehr gewagt, schließlich kennen wir ja weder Sie noch Ihren Hund persönlich. Aber wir sind sicher, dass Sie auf Basis der folgenden Ideen eigene, für das Team passende Ideen entwickeln können. Wichtig ist nur, dass Sie sich mit Ihrem Hund beschäftigen, versuchen, ihn zu verstehen und zu lesen und immer wach für seine Bedürfnisse sind.

Motivieren und bestätigen

Stärker als jede „materielle" Belohnung sind Ihre echte Begeisterung und Ihr Stolz über die Leistung Ihres Hundes. Bitte bedenken Sie stets, dass Ihr Hund nicht moralisch denken und ergo nicht moralisch handeln kann. Die Skala, an der er ablesen kann, welches Verhalten gewünscht ist und welches nicht, sind Sie. Besitzen Sie schon einen Hund, zählen Sie bitte einmal einen halben Tag lang mit, wie viel positives und wie viel negatives Feedback Sie geben. Denn leider neigen Hundeführer in der Regel dazu, korrigierend einzugreifen, gewünschtes Verhalten jedoch unkommentiert zu lassen.

Dazu ein Beispiel: Der Hund zerrt wie ein Holzrückepferd an der Leine – der Hundeführer schimpft dabei permanent auf ihn ein. Da passiert es: Der Hund geht zwei Schritte an durchhängender Leine. Genauso, wie es sich der Hundeführer wünscht. In diesem Moment müsste das Lob kommen, denn der Hund soll ja angeregt werden, dieses Verhalten so häufig wie möglich zu zeigen. In der Realität passiert leider meist folgendes: Der Hundeführer denkt: „Na also, er kann es doch", und der Hund wirft sich bei nächstbester Gelegenheit wieder in die Leine.

Deshalb: Auch, wenn Sie vielleicht noch gar keinen Hund haben, nehmen Sie sich bitte jetzt schon vor, ihm bei jeder Gelegenheit ein positives Feedback zu geben und ihm zu vermitteln, wie stolz Sie auf seine Lernerfolge sind.

Fördern und bestärken

Ist der Hund an Ihrer Seite eher ein zartes Pflänzchen? Dann ist es an Ihnen, es wachsen zu lassen – das funktioniert nicht, indem Sie den Hund ins kalte Wasser werfen! Stellen Sie sich vor, Sie haben für Ihre Pflanze ein Rankgitter. Es gibt Halt, aber immer wieder müssen kleine Strecken überwunden werden.

Jede Aufgabe, die Ihr Hund meistert, lässt ihn ein Stückchen wachsen. Dabei geht es nicht unbedingt darum, Einheiten aus dem Bereich seiner zukünftigen Warnaufgabe zu bewältigen. Lehren Sie Ihren Hund, eine Leiter zu gehen, verstecken Sie ein Spielzeug knifflig in der Wohnung,

lassen Sie ihn unter gruseligen Planen durchlaufen – egal was, wichtig ist, dass der Hund von einem Erfolg zum nächsten getragen wird. Auch hier führt Sie wieder das kleinschrittige Arbeiten ans Ziel. Ihre Aufgaben sollten für den Hund eine Herausforderung, aber keine Überforderung sein. Und immer begleitet von viel Lob und Anerkennung.

Leo übt das Leitergehen und bekommt somit Vertrauen in sich und in den Hundeführer.

Vertrauen und verstehen

Der Schlüssel dazu liegt in der Kommunikation. Hier leben Mensch und Hund oftmals in verschiedenen Welten – Sie können Ihrem Hund ein großes Stück entgegengehen, wenn Sie sich vor Augen führen, was in der Kommunikation für ihn wichtig ist, was er braucht und welche Signale für ihn widersprüchlich sind. Unter dem Abschnitt über das Ausdrucksverhalten des Hundes auf S. 62 haben Sie schon einen Einblick bekommen, wie Hunde sich äußern. Lassen Sie uns nun kurz einen Blick darauf werfen, wie Ihr Hund Sie in der Standardsituation des Abrufs wahrnimmt.

Auch wenn der Hundeführer ein eindeutiges Kommando zum Herankommen gibt, die Körpersprache könnte auch etwas ganz anderes bedeuten.

Wie wirkt das Bild auf Sie? Es wurde aus der Perspektive einer mittelgroßen Labradorhündin aufgenommen. Nun stellen Sie sich vor, der Hundeführer hätte nicht die beste Laune, wäre ungeduldig, und obwohl sich die Hündin schon auf ihn zu bewegt, hört er nicht auf zu schimpfen und zu grummeln: „Hieeeer! Aber jetzt wirklich schnell!!! Darf ja wohl nicht wahr sein!!!" Je näher sie kommt, desto verzagter wird sie. Sicherheitshalber entscheidet sie sich, den Hundeführer milde zu stimmen: Sie läuft einen Bogen, wird langsamer und findet auf einmal einen ganz außergewöhnlichen Grashalm, den sie intensiv beriecht.

Nun ist der Hundeführer vollends aufgebracht. Die Hündin kann das nicht verstehen. Sie hat doch alles gemacht, um genau diese Situation zu vermeiden ... Sehen Sie das Paradoxe an der Situation? Sehr gut! Das ist auch „Chefsache". Ein Hund wird nie wie Sie die Perspektive wechseln können. Er kann nicht verstehen, warum Sie noch ungehalten sind, während er sich doch schon auf den Weg macht. Er kann nicht wissen, dass sein Repertoire der Kommunikation nicht ankommt oder gerade das Gegenteil

Hier ist für den Hund sichtbar: Er ist herzlich willkommen.

bewirkt. Schlussendlich: Sie allein haben es in der Hand – laden Sie Ihren Hund ein, gehen Sie auf ihn zu und werden Sie zu einem Hundeführer, der für den Hund stets klar verständlich ist. Nur so kann eine vertrauensvolle Beziehung wachsen, die das Fundament für die gemeinsame Arbeit bildet.

Daher unser Appell: „Beobachten" Sie sich selbst und Ihren Hund, bitten Sie Helfer, Fotos zu machen, stellen Sie sich und Ihre Körpersprache auf den Prüfstand. Im Folgenden finden Sie Aufnahmen einiger Standardsituationen mit unterschiedlicher Körpersprache des Hundeführers. Probieren Sie aus und entwickeln Sie ein Gefühl dafür, wie Sie auf Ihren Hund wirken. Nur ein Hundeführer, der verständlich und berechenbar ist, wird das Vertrauen seines Hundes gewinnen.

Ist Streicheln hier wirkliche Belohnung? Luise, eine Hündin, die sonst gerne gestreichelt wird, findet es in der Arbeitssituation blöd.

Die Hundeführerin beugt sich über den hereinkommenden Hund – Lotta weiß, dass sie das Dummy abgeben soll, aber wohl ist ihr bei der Sache ganz und gar nicht.

Beim Anziehen der Kenndecke beugt sich Hannah über ihre Hündin Vicky, was dieser sehr unangenehm ist.

Hier sehen Sie den Unterschied, wenn Hannah die Kenndecke neben dem Hund hockend anzieht.

Variable Bestätigung

– damit läuft der „Motor" Ihres Warnhundes

Stellen Sie sich vor, in Ihrem Haus gäbe es eine Art Spielautomat.

Eine Reihe von sechs Ziffern erscheint nach dem Zufallsprinzip. Jederzeit können neue Ziffern erscheinen, die Sie mit einer auswendig gelernten Zahlenkombination abgleichen. Ist die Zahl bis auf eine Stelle identisch mit der Zahl in Ihrem Kopf, sagen Sie schnell die Worte: „Achtung, Achtung, Anzeige!" Sofort öffnet sich eine Klappe, darin finden Sie ... Ja, was könnte Sie motivieren, möglichst oft bei der Apparatur vorbeizuschauen, oder gar davor sitzen zu bleiben?

Wenn in der Klappe immer ein Wiener Würstchen versteckt ist?

Immer ein Stückchen Schokolade auf Sie wartet?

Oder immer ein fünf Euro Schein darin zu finden ist?

Langfristig lautet die Antwort: Weder noch.

Die stärkste Art der Bestätigung ist die sogenannte „variable Belohnung". Einmal finden Sie in der Klappe Theaterkarten oder Tickets für die Champions League, dann ein Stück Schwarzwälder Kirschtorte, einen fünf Euro Schein, eine CD Ihrer Lieblingsband, einmal einen Zettel mit dem Text „Super gemacht, weiter so!", ein Wiener Würstchen, den neuen Band aus Ihrer Lieblingskrimireihe, ... Sie merken, spannend wird es erst, wenn Sie nicht wissen, was Sie erwartet.

Damit das System mit der variablen Belohnung funktioniert, muss Folgendes gegeben sein: Der Hund muss seine Aufgabe genau kennen und absolut sicher sein, was zu tun ist. Bestehen noch Unsicherheiten, könnten ihn die verschiedenen Wertigkeiten verwirren. Damit Sie die passenden Bestätigungen auswählen, müssen Sie Ihren Hund und seine Vorlieben natürlich genau kennen. Der „Mix" ergibt sich fast von selbst: In der Einkaufspassage können Sie kein wildes Spiel veranstalten, haben aber vielleicht gerade für sich eine leckere Brezel gekauft, von der Sie dem Hund ein Stück abgeben. Vielleicht holen Sie Ihr Kind von der Schule ab und der Hund zeigt sofort an, nachdem Ihr Sprössling zugestiegen ist. Vermutlich haben Sie jetzt keine Knackwurst im Handschuhfach, aber solche Situationen können Sie hervorragend über einen Geruchsträger wiederholen. Lassen Sie den Hund im Auto warten, während Sie Ihre Einkäufe besorgen, der letzte Weg führt ins Futtermittelgeschäft – während Sie eine tolle Kausache erstehen, öffnet Ihr Kind schon den Geruchsträger. Erfolgt beim Einstieg wieder die Anzeige, haben Sie sofort eine hochwertigste Belohnung zur Hand. Nicht schlimm, wenn es dann einmal – gezwungenermaßen – „nur" ein großes Lob gibt. Es versteht sich von selbst, dass Sie bei perfekter Einstellung (die Ihnen zu wünschen ist) dem Hund mit Hilfe von Geruchsträgern die Möglichkeit geben, auf eine für ihn sinnvolle Anzahl von Anzeigen (dies ist abhängig von dem Ausbildungsstand und der Disposition des Hundes) zu kommen.

Warnaufgaben für Fortgeschrittene

Besondere Anzeigensituation

Im Laufe seiner Ausbildung hat der Hund durch das Umwelttraining gelernt, in allen möglichen Alltagssituationen zuverlässig anzuzeigen. Daneben gibt es noch einige besondere Anzeigensituationen, auf die wir gerne etwas genauer eingehen möchten. Je nach individueller Situation können diese Beispiele natürlich auch auf ähnliche Konstellationen angewandt werden.

Im Restaurant

Sind Sie mit Ihrem Hund in einem Restaurant zu Gast, ist es natürlich für alle Beteiligten wünschenswert, wenn sich dieser quasi unsichtbar und brav unter den Tisch legt und bis zum Ende keinen Mucks von sich gibt. Gut erzogen, wie Ihr Hund ist, wird er dies auch tun. Er ist auf Sendepause programmiert. Ein selbstbewusster, mutiger Hund wird sich wahrscheinlich kaum davon abhalten lassen, trotzdem pflichtbewusst eine Blutzuckerschwankung anzuzeigen. Tut er dies allerdings nicht, müssen Sie ihm ein bisschen helfen, in dieser Situation „intelligenten Ungehorsam" zu zeigen. Stellen Sie bei sich einen anzeigewürdigen Blutzuckerwert fest, machen Sie durch leises Rufen den Hund auf sich aufmerksam. Schnuppert er an Ihnen, ermutigen Sie ihn zu einer Anzeige. Erfolgt diese, sollten Sie ihn mit einem ganz besonderen Leckerbissen belohnen.

Auf einer Großveranstaltung (Weihnachtsmarkt, Messe, etc.)

Grundsätzlich sollten Sie Ihrem Hund den Stress solcher Veranstaltungen ersparen. Sprechen alle Gründe aber dafür, Ihren Hund auf solch ein Unternehmen mitzunehmen und möchten Sie, dass er trotzdem zuverlässig anzeigt, müssen Sie dies trainieren. Beginnen Sie mit kleineren Märkten wie z.B. einem Gemüsemarkt. Lautstärke und Menschenmassen sollten sich dabei im Rahmen halten. Laufen Sie mit Ihrem Hund über den Markt, gewöhnen Sie ihn an die vielen Beine, die nicht immer Rücksicht auf ihn nehmen, auf fremde Hände, die ihn berühren wollen, auf spannende Gerüche, fremde Hunde. Bleibt er mit der Zeit dabei gelassen und lässt sich nicht mehr ablenken, können Sie die ersten Geruchsproben zum Training mit einbauen. Erst, wenn dieser Schritt wirklich gefestigt ist und eine sichere, selbstbewusste Anzeige trotz der großen Ablenkung erfolgt, können Sie das Trainingslevel etwas höher setzen und größere Menschenmengen und vermehrte Geräuschkulisse integrieren. Aber bitte achten Sie darauf, Ihren Hund nicht zu überfordern. Halten Sie wie immer das Maß dessen, was sinnvoll für Ihr Tier ist.

Anzeige bei Dritten / Fremden

Folgende Situation: Der Assistenznehmer ist ein junges Kind, der Hund meldet bisher im Beisein der Familie, da sich das Kind altersbedingt noch nicht alleine oder bei Dritten aufhält. Aber was ist in Situationen, in denen die Großeltern mal eine Stunde mit dem Kind alleine sind oder der neue Babysitter mit dem Kind spielt? Meldet der Hund hier auch, obwohl das menschliche Umfeld wechselt? Sie werden es ausprobieren müssen und gegebenenfalls nachhelfen. Verstecken Sie Geruchsproben beim Kind, während eine dem Hund weitgehend unbekannte Person (Onkel, Nachbar, etc.) mit ihm spielt. Sie selbst dürfen sich nicht im Sichtfeld des Hundes aufhalten. Meldet der Hund wie erhofft, belohnt ihn der eingeweihte Mitspieler überschwänglich. Zeigt er nicht an, kann der Mitspieler nach Absprache dem Hund durch Aufforderung helfen. Sie werden sicherlich mit der Zeit wissen, wie man den Hund motiviert oder welche Zeichen er benötigt, um am Kind zu schnuppern. Auch eine vielleicht zunächst verhaltene Anzeige sollte überschwänglich belohnt werden, damit Ihr Hund weiß, dass er auf dem richtigen Weg ist. Nach und nach können Sie nun das Training ausweiten, mit immer unterschiedlichen, dem Hund fremden Personen. So können Sie sicherstellen, dass der Hund auch später meldet, wenn das Kind mit Freunden alleine draußen spielt, die Tante einen Ausflug mit beiden macht oder der Nachbar mal einen Nachmittag lang als Babysitter einspringt. Ähnliche Situationen finden wir auch, wenn der Assistenznehmer durch weitere Einschränkungen nicht in der Lage ist, sich mitzuteilen und er durch wechselndes Pflegepersonal betreut wird.

Bei einem zweiten Hund im Haushalt

Befindet sich ein zweiter Hund im Haushalt, kann dies unter Umständen zu Problemen bei der Ausführung der Anzeige führen. Hier liegt es an dem Selbstbewusstsein des Hundes und der Konstellation zwischen den beiden Hunden. Hat der Diabetikerwarnhund in der Hunde-Beziehung das Sagen, wird er sich auch nicht scheuen, im Beisein des zweiten Hundes anzuzeigen. Ist aber der zweite Hund beispielsweise der Ältere, Selbstbewusstere und Anführer, kann es dazu kommen, dass der Warnhund sich schlichtweg nicht traut, in dessen Beisein zu melden. Beispiel: Im Haushalt leben zwei Hunde. Pika, der junge Diabetikerwarnhund, bellt und zeigt damit eine Unterzuckerung an. Philly, eine 13 Jahre alte Terrier Hündin, rast sofort um die Ecke. Pikas Bellen bedeutet für sie, irgendwo gibt es gleich eine Belohnung und die will sie natürlich haben. Pika verstummt sofort, dreht den Kopf zur Seite, geht ein wenig zurück, um der alten Hündin den gebotenen Respekt und Vortritt zu erweisen. Es hat sie bis dahin schon viel Mut gekostet, überhaupt im Beisein des anderen Hundes anzuzeigen, aber die Belohnung als Erste einzufordern, das traut sie sich nun gar nicht mehr. Fast untertänig wartet sie nun auf den Leckerbissen und beobachtet dabei vorsichtig das Verhalten der anderen Hündin. Diese ist unter großer Anspannung und jederzeit bereit, die jüngere zu verscheuchen. Geben Sie Ihrem Diabetikerwarnhund in dieser Situation den Rückhalt, den er braucht. Bestätigen Sie jede Anzeige und stärken Sie sein Selbstbewusstsein durch viel Lob.

Anzeigeketten

Anzeigeketten sind im Fernsehen oft beeindruckend anzusehen: Der Hund riecht Unterzucker, bringt das Messgerät, öffnet den Kühlschrank, holt Saft, drückt den Notfallknopf und so weiter.

Bereits im Kapitel über die Zielbeschreibung hat Ihnen unser schlauer Warnhund Tippolinus das wohl Wichtigste zum Thema Anzeige verraten: Die beste Anzeige ist die, die sicher kommt. Das Fundament für die Anzeige ist die Motivation. Das heißt, je länger bzw. komplizierter Sie die Anzeige aufbauen, desto mehr Motivation muss darunter liegen, um die aufgebaute Kette zu „befeuern".

Bitte berücksichtigen Sie auch, dass die Kette immer wieder in Teilschritten und auch komplett aufgerufen werden muss, damit die „Funktion" erhalten bleibt. Dennoch kann es auch sein, dass der Hund in besonderen Situationen einzelne Elemente „herauskürzt". Für den Hund ist bereits die erste Anzeige schon das Ende einer Kette: Er kontrolliert, vergleicht die Werte mit seinem Geruchsarchiv im Kopf, muss dann eine Entscheidung treffen und anzeigen. Je mehr Anzeigen hinzukommen, die der Hund zunächst erlernen, dann speichern und abrufen muss, desto wackeliger und anfälliger wird das Gebilde.

Stellen Sie sich vor, ein Hund, der lediglich immer anhaltender bellt, muss im übertragenen Sinne nur „geradeaus fahren“, um ans Ziel zu kommen. Es geht bergauf, wird mühsamer, aber es ist klar, wohin die Reise geht. Eine Anzeigekette bedeutet dagegen, dass der Hund einen Fahrplan im Kopf haben muss: Die erste links, dann die zweite rechts, dann wieder rechts, ... Dabei ist die Gefahr, falsch abzubiegen, natürlich ungleich größer.

Der Aufbau einer Kette entspricht dem einer einfachen Anzeige: Wie Sie z.B. bei einem Hund, der bellen soll, zunächst das erste zögerliche „Wöff“ belohnen und später erst nach zehn lauten und energischen Bellern die Bestätigung „herausrücken“, so verfahren Sie auch beim Aufbau einer Kette: So belohnen Sie z.B. zunächst immer, wenn Ihnen der Hund das Messgerät bringt. Sitzt das sicher und spüren Sie, dass der Hund an diesem Tag noch eine weitere Aufgabe draufsetzen könnte, loben Sie ihn nur und weisen Sie ihn auf den schon im Vorfeld angebahnten Alarmknopf hin. Wird dieser gedrückt, gibt es ein Feuerwerk an Belohnung und Bestätigung!

Hilfestellung durch den Hund

Obwohl der Schwerpunkt der Aufgabe Ihres Hundes ganz klar in der Unterstützung Ihres Diabetesmanagements liegen sollte, ist es sinnvoll, besonders bei alleine lebenden Erwachsenen oder Menschen, die oft auf Reisen sind, eine Absicherung für den Fall einzubauen, dass Sie als Assistenznehmer nicht mehr auf die Anzeige reagieren können. Den SOS-Verweiser haben Sie bereits kennengelernt, aber ein Hund kann auch technische Hilfsmittel bedienen, wie z.B. ein Notfalltelefon. Drückt der Hund einen Knopf, beginnt das Telefon automatisch eine Reihe von vorab eingespeicherten Rufnummern anzurufen und einen aufgesprochenen Text abzuspielen. Alternativ könnten Sie z.B. auch ein sogenanntes „Schütteltelefon“ benutzen, das nach einem ähnlichen Prinzip funktioniert. Hier wird kein Knopf gedrückt, sondern der Fall des Telefons auf den Boden löst die Wahlautomatik aus. Arbeiten Sie mit einem Retriever, empfehlen wir Ihnen jedoch, den Hund nicht am Schütteltelefon auszubilden, sondern ihn z.B. im Notfall ein Dummy apportieren zu lassen, das den Fall des

Schütteltelefons auslöst. Gerade wenn es stressig wird, geht der Fang des Retrievers eher „zu als auf“ und der Hund hat in der Ausnahmesituation des Notfalls ein Problem damit, das Schütteltelefon hinzuwerfen.

Vielleicht ist Ihnen aber auch mit einer simplen „Handreichung“ geholfen, indem der Hund z.B. gegenhält, wenn Sie ein Sachet mit Fruchtkonzentrat aufreißen möchten. Hier arbeiten Sie am besten mit dem Clicker. Erst wird das Festhalten bestätigt, dann das Gegenhalten, später nur noch das Ziehen. Sie sehen, auch hier gilt: Trainieren Sie Ihren Hund so, dass die Wahrscheinlichkeit, dass er seine Aufgabe zuverlässig erfüllen kann, am größten ist.

Lösungsstrategien

Bei ausbleibender Kontrolle

Ihr Hund kann alles? Aber nur im Training? Realer Unterzucker lässt ihn kalt? Zunächst überprüfen Sie genau, ob der Hund nicht vielleicht in einem Ablauf der Anzeige feststeckt. Falls nicht, gehen Sie wieder zurück an den Anfang des Trainings und verstecken die Geruchsträger bei sich bzw. Ihrem Kind. Bitte achten Sie peinlich genau darauf, stets vor dem Training zu messen, vielleicht ist hier eine Fehlverknüpfung entstanden: Beim Assistenznehmer war der Geruch zu finden, geclickert wurde aber ein älterer Individualgeruch im Bücherregal. So haben Sie dem Hund unter Umständen vermittelt, dass es nur um Gerüche geht, die nicht aktuell sind.

Bei Fehlanzeige

Zunächst sollten Sie sich sicher sein, dass es sich wirklich um eine Fehlanzeige[50] handelt. Gerade bei rapide fallenden Werten ist der Hund dem Messgerät „voraus“: Das heißt, der Zustand, den wir als Unterzuckerung definiert haben, ist für den Hund zwar im Individualgeruch schon ablesbar, wird aber vom Messgerät noch nicht dargestellt. Kann das ausgeschlossen werden, empfiehlt es sich wieder, in das Differenzierungstraining einzusteigen – und, ganz wichtig: Sie sollten möglichst genau wissen, wie es um Ihren bzw. den Blutzucker Ihres Kindes steht. Nun sagen Sie zu Recht, ja, aber genau dafür wollte ich doch den Hund! Haben Sie etwas Geduld, natürlich können Sie nicht permanent messen, aber Sie können z.B. den Hund in der Küche „parken“, wenn Ihr Kind aus der Schule kommt. Erst messen, dann Kontakt zum Hund. Das spielt deshalb eine große Rolle, weil

50 Fehlanzeige bedeutet, der Hund zeigt bei Werten in der Passivzone an

Sie nach jeder Anzeige ja sofort bestätigen müssen und so unter Umständen den Fehler noch verstärken. Als Notlösung können Sie den Hund nach einer in Ihren Augen sicher falschen Anzeige in den Garten lotsen, weil da angeblich etwas Spannendes zu sehen ist. Sollte sich nach dem Messen herausstellen, dass der Hund doch Recht hatte, holen Sie ihn wieder herein und bestätigen schon das kleinste Anzeichen für eine neue Anzeige.

Bei ausbleibender Anzeige

Erfolgt keine Anzeige, ziehen Sie Ihre Anzeigeprotokolle zu Rate: Wo finden sich Gemeinsamkeiten bei ausgebliebenen Anzeigen? Ist immer eine bestimmte Person dabei? Ein anderer Hund? Ist es immer eine bestimmte Situation? Eine Uhrzeit? Haben Sie einen Verdacht, steigen Sie genau dort mit hoher Motivation in ein einfaches Training ein. Parallel dazu beobachten Sie Ihren Hund mit Argusaugen: Wann schleicht er linkisch herum, kratzt sich? Welches Verhalten könnte aus dem Zwiespalt entstehen, dass er in der Entscheidung für oder gegen die Anzeige festhängt?

Haben Sie einen Verdacht, „fragen Sie nach", ermutigen und bestärken Sie Ihren Hund, seinem Impuls nachzugehen.

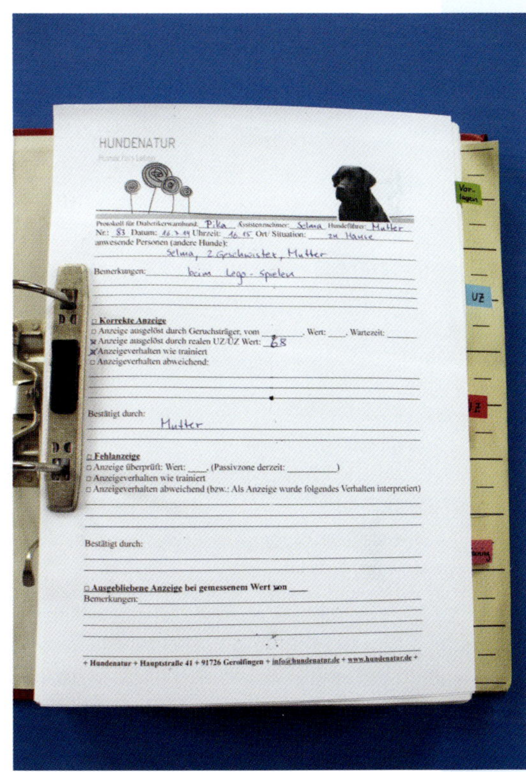

Verschiedenfarbige Markierungen können Ihnen helfen, ähnliche Situationen aus den vergangenen Trainings schnell wieder zu finden.

Fehlverknüpfungen auflösen

Frau Gutmann nimmt die Messtasche ihres Sohnes in die Hand, um ihn vor dem Mittagsessen zu messen. Die Familie sitzt bereits versammelt am Tisch. Wie immer in letzter Zeit steht Paul, der Diabetikerwarnhund, von seinem Platz auf, setzt sich neben den kleinen Sohn und bellt – Unterzuckeranzeige. Tatsächlich hat der Sohn einen Blutzuckerwert von 67 mg/dl, auch dies ist in den letzten zwei Wochen fast immer vor dem Mittagessen. Gut gemacht, Paul, oder?

Nächster Tag, gleiche Uhrzeit, gleiche Situation: Paul setzt sich neben den Jungen und bellt. Der Blutzuckerwert liegt bei 108 mg/dl. Immer noch gut gemacht, Paul, oder?

Paul hat gut kombiniert, zu gut. Leider.

Unweigerlich werden sich während oder auch noch nach dem Training Fehlverknüpfungen bei Ihrem Hund einschleichen. Ihr Hund sammelt jeden Tag neue situative Erfahrungen, und je schlauer er ist, umso größer die Wahrscheinlichkeit, dass er Dinge miteinander in Verbindung bringt, die er so gar nicht soll. Er erlebt ein Ereignis oder eine Abfolge von Ereignissen und zieht daraus seine logische Konsequenz. Manchmal sind wir darüber sehr begeistert, manchmal aber auch nicht. Eines sollten wir allerdings ganz sicher nicht tun: Uns darüber ärgern oder gar den Hund bestrafen. Denn an anderer Stelle, zum Beispiel der Geruchsdifferenzierung, arbeiten wir genau mit dieser Methode, nämlich der Verknüpfung. Der Hund kann nicht wissen, welche seiner Verknüpfungen erwünscht sind und welche nicht.

Im obigen Beispiel hat Paul gleich zwei Fehlverknüpfungen hergestellt. Die erste ist, dass Paul, sobald die Mutter die Messtasche in die Hand nimmt, ahnt, dass vielleicht eine Belohnung für ihn herausspringen könnte. Er bemüht sich somit gar nicht erst, von alleine den Sohn zu „checken", sondern nutzt die Erinnerung durch den Griff zur Messtasche. Wie ist diese Verknüpfung zustande gekommen? Wurde bei dem kleinen Jungen durch das Messen ein niedriger Blutzucker festgestellt, rief die Mutter in der Vergangenheit den Hund, um ihm die Chance einer Anzeige zu geben. Vielleicht hatte der Hund ja nichts mitbekommen. Falsch gedacht.

Paul hatte sehr wohl alles mitbekommen, aber festgestellt, dass er sich gar nicht so sehr aus dem Fenster hängen muss, um belohnt zu werden. Er muss einfach nur abwarten, bis die Mutter die Messsachen nimmt und ihn ruft. Dann checkt Paul kurz und bekommt bei Erfolg seine Belohnung. Die zweite Verknüpfung festigte sich nun, als er probierte, auch mal bei nicht ganz anzeigewürdigem Geruch zu bellen. Wunderbar, da gibt's ja auch eine Belohnung. Nur manchmal gibt es gar keine, aber das macht das Spiel für Paul ja nur noch interessanter. Ist eine Fehlverknüpfung erst entdeckt, kann sie auch wieder „herausgearbeitet" werden. Dies kostet etwas Mühe, ist aber nicht schwer. Frau Gutmann z.B. tut nun nur noch so, als würde sie ihren Sohn vor dem Essen messen – tatsächlich hat sie dies aber schon in der Küche getan und weiß jetzt genau, ob ihr tatsächlich eine Unterzuckerung gemeldet wird, oder Paul aus der Situation heraus eine Anzeige macht. Was hier ganz wichtig ist: Der Hund wird nicht belohnt, aber auf gar keinen Fall bestraft! Er soll lernen

Tisch + Messgerät + Unterzuckerungsgeruch-> Anzeige -> Belohnung
Tisch + Messgerät-> Anzeige -> keine Belohnung

Kann der Hund nicht direkt kontrolliert werden, können die Verknüpfungen auch aufgelöst werden, indem die Situation verändert wird. Gegessen wird im Wintergarten, und das Hantieren mit dem Messgerät findet einige Tage lang in jeder freien Minute statt – Paul wird bald merken, einzig der Geruch ist das Entscheidende!

Umstellung der Anzeige

Auch wenn Sie sorgfältig darüber nachgedacht haben, wie die ideale Anzeige für Sie oder Ihr Kind aussehen könnte, ein Umstand kann eine Umstellung der Anzeige nötig machen. Vielleicht haben Sie einen neuen Job und sind nun vermehrt mit dem Auto unterwegs. Der Hund ist zwar dabei, reist jedoch im Kofferraum und kann Sie nicht mehr erreichen, um Sie anzustupsen, wenn Ihr Blutzuckerspiegel sinkt. Oder Ihr Kind wird im Diabetesmanagement zusehends selbstständiger, ist vermehrt mit dem Hund alleine unterwegs und legt keinen Wert darauf, in der Eisdiele durch einen Hund aufzufallen, der Unterzuckerrabbatz macht. Eine Umstellung der Anzeige braucht einige Zeit, ist aber in der Regel kein großes Problem. Nehmen wir an, der Hund zeigt Blutzuckerentgleisungen Ihres Kindes an, indem er zu Ihnen läuft, bei Unterzuckerung bellt und Sie bei zu hohen Werten anstupst. Diese Anzeige darf dem Hund auf keinen Fall verboten werden, der Hund darf Sie weiterhin suchen und dann anzeigen. Er wird auch überschwänglich gelobt, Sie gehen währenddessen aber sofort mit ihm zu Ihrem Kind zurück und erst dort bekommt er seine Bestätigung. Nach einiger Zeit verlangen Sie zusätzlich, dass der Hund nochmals bei seinem eigentlichen Assistenznehmer anzeigt. Sie werden sehen, je öfter das geschieht, desto öfter wird der Hund den Umweg zu Ihnen „abkürzen" und später nur noch bei Ihrem Kind anzeigen. Noch leichter ist eine Umstellung der Anzeige von Stupsen auf Bellen beim Assistenznehmer: Sie loben den Hund für das Stupsen, die leckere Belohnung bzw. das Spiel erfolgt erst, nachdem er zunächst einmal, später mehrmals gebellt hat. Sie werden sehen wie schnell das „Stupsen" durch das Bellen abgelöst wird.

Gleich ob Sie die Anzeige Ihres Hundes auf- oder umbauen möchten, Voraussetzung ist seine Motivation mit Ihnen zusammen zu arbeiten und schlichtweg gerne bei Ihnen zu sein.

Besonderes

Der Hund am Arbeitsplatz und in der Schule

Arbeitsplatz

In erster Linie muss der Arbeitgeber natürlich sein grundsätzliches Einverständnis geben, dass der Diabetikerwarnhund mit zum Arbeitsplatz genommen werden darf. Dies vorausgesetzt ist es natürlich gar kein Problem, dass der Hund mitkommt. Sei es im Büro oder auf Reisen, der Hund wird Sie sicher gerne überallhin begleiten. Achten Sie während der Ausbildung mit Ihrem Hund darauf, dass er einen Schwerpunkt im Umwelttraining erhält. Er sollte lernen, sich an Ihrem Arbeitsplatz eher ruhig zu verhalten, nicht jeden Besucher freudig anzuspringen oder zu bellen, wenn es mal an der Bürotür klingelt. Am besten legen Sie sich einen Kennel zu, der nah genug an Ihrem Tisch platziert ist, damit der Hund auch noch die Möglichkeit hat, Ihren Geruch einzufangen.

Der Faltkennel – ein Rückzugsort für Ihren Hund, den Sie überall aufstellen können.

Auch hier gilt die Regel: Ruhe, Bewegung, Herausforderung (siehe S. 19). Liegt der Hund einen Arbeitstag lang mit im Büro, braucht er natürlich auch davor, zwischendurch und danach seinen Auslauf und seine „Arbeit". Ist dies sichergestellt, werden Sie kein Problem mit Ihrem Hund bekommen. Sind Sie vorwiegend auf Reisen, sollten Sie Ihrem Hund gewisse Verlässlichkeit und Routine geben. Reisen ist nicht nur für Sie, sondern auch für Ihren Vierbeiner anstrengend. So sollten Sie z.B. immer die gleiche Decke oder Kennel für das Hotel dabeihaben. Versuchen Sie auch hier, für den Hund immer wiederkehrende Uhrzeiten einzurichten, zu denen er ganz sicher hinausgebracht wird und sich austoben kann. Muss er im Auto warten, achten Sie darauf, diese Zeit nicht überzustrapazieren und für ausreichend frische Luft und verträgliche Temperaturen im Auto zu sorgen. Denken Sie einfach immer daran, das Maß in allem zu halten.

Schule

Es gibt Situationen, in denen es tatsächlich sinnvoll ist, einen Diabetikerwarnhund mit in die Schule zu nehmen. Allerdings sind dies erfahrungsgemäß sehr, sehr seltene Fälle.

Dazu drei Anmerkungen:

- Ein Diabetiker im Kindes- und Jugendalter (Schulalter) sollte als oberste Priorität lernen, seine Selbstwahrnehmung zu schulen. Die Schule bietet insofern dabei einen vorteilhaften Rahmen, als dass sich hier sehr viele Menschen um das Kind oder den Jugendlichen herum aufhalten und im Notfall Hilfe leisten können. Probleme mit Lehrpersonal, das sich unter Umständen nicht wie gewünscht um das Diabetesmanagement des Kindes bemüht, sollten nicht durch den Hund gelöst werden. Suchen Sie in diesem Fall das Gespräch mit den Lehrern, Schule oder Schulamt, um solche Themen zu verbessern.

- Ein Hund ist ein Hund. Ein Klassenzimmer mit 25-30 Kindern ist ein äußerst lauter, unruhiger Raum. Für einen Hund, auch wenn er brav in seinem Kennel neben der Schulbank liegt, ist dies sehr anstrengend. Nicht selten müssen Klassenräume gewechselt werden, der Hund muss von A nach B mitwandern, viele Kinder werden ihn streicheln, ihn rufen oder schreckhafte Bewegungen machen. Das ist Stress. Hat der Hund sich morgens im stinkenden Dreck gesuhlt oder pupst den ganzen Vormittag in seinem Kennel, ist dies vielleicht eine lustige Abwechslung für die Mitschüler, aber sicher nicht das große Vergnügen für die Lehrerschaft und für Ihr Kind.

- Ein letzter Punkt ist die offizielle Seite der Schule. Um eine Genehmigung für die Begleitung des Hundes zu bekommen, benötigen Sie das Einverständnis natürlich der Schule, aber auch aller Eltern der Mitschüler. Nicht selten gibt es Menschen mit Tierhaarallergie oder einfach nur Angst vor Hunden. Diese Punkte müssen geklärt sein, sonst ist an eine Mitnahme gar nicht erst zu denken. Die Verantwortung über und Haftung des Hund obliegt Ihnen als Erziehungsberechtigte. Tritt aus Versehen einmal ein Mitschüler auf die Pfote des Hundes, dieser dreht sich vor Schreck um und schnappt, stehen Sie in der Haftung. Da kann der Hund noch so gut ausgebildet sein, diese Fälle kann niemand vorhersehen und ausschließen.

Sollten allerdings alle diese Bedenken ausgeschlossen werden können und beste Voraussetzungen gegeben sein, dann ist es natürlich möglich, den Hund mitzunehmen. In diesem Fall achten Sie bereits bei der Ausbildung darauf, dass Ihr Hund sich für längere Zeit in einem Kennel ruhig aufhalten kann. Ebenso ist es wichtig, dass er sich auch bei Fremden ruhig verhält. Nur stressresistente Hundegemüter sollten in die Schule mitgenommen werden. Unabdingbar ist auch die Möglichkeit, den Hund in den Pausen einmal nach draußen zu bringen und ihn seine Geschäfte in Ruhe erledigen zu lassen.

Rechtliche Grundlagen

Deutschland

Der Diabetikerwarnhund wandelt wie alle Assistenzhunde in einer Grauzone durchs deutsche Recht. Einzig im deutschen Recht anerkannt und verankert ist der Blindenführhund.

Alle anderen Formen von Assistenz- oder auch Behindertenbegleithunden haben zunächst einmal gesetzlich keinen Anspruch. Andererseits gibt es aber auch keine gesetzliche Regelung, die die Mitnahme eines Hundes in Geschäfte, öffentliche Orte, etc. untersagt. Letztlich entscheidet das jeweilige Hausrecht. Es gibt jedoch eine wachsende Lobby, die sich in den verschiedenen Bundesländern dafür stark macht, eine einheitliche Regelung bezüglich der Rechte von Assistenzhunden zu finden. Die Politik hat das Thema bereits ebenso aufgenommen, so z.B. der schleswig-holsteinische Landtag, der über die rechtliche Rahmenbedingungen für Assistenzhunde berät. Ganz einfach ist die Thematik natürlich auch für das Gesetz nicht, denn es gibt bisher keinerlei einheitlichen Standards in der Ausbildung der Hunde oder deren Ausbildungsstätten, auf welche sich das Gesetz stützen könnte.

Um auf der sicheren Seite zu sein, wohin der Hund Sie begleiten kann oder nicht, sollten Sie sich im Vorfeld einfach kurz erkundigen. Oftmals lassen sich die Dinge dann recht schnell und unkompliziert klären. Wir persönlich befürworten den offenen Umgang und Austausch. Wenn ein Hotel zum Beispiel partout keine Hunde als Begleitgast bei sich aufnehmen möchte, dann sollte man dies auch respektieren. Suchen Sie sich lieber ein anderes Hotel, statt sich zu ärgern. Ohnehin sollten Sie sich die Frage stellen, ob es wirklich immer und überall nötig ist, den Hund mitzunehmen. Während des Einkaufs im Lebensmittelgeschäft, im Konzert oder der Kirche etc. wird es dem Hund sicher nicht schaden, kurz zu Hause oder im Auto zu warten. Versuchen Sie, das richtige Maß zu finden – für Sie selbst, für Ihren Hund und auch für Ihre Mitmenschen.

Hundesteuer

Es gibt eine Vielzahl von Gemeinden, die bereits heute Haltern von Assistenzhunden die Hundesteuer erlassen. Erkundigen Sie sich einfach bei Ihrem Gemeindeamt, meistens benötigen Sie lediglich einen Ausbildungsnachweis und Behindertenausweis mit bestimmten Merkzeichen.

Einkommenssteuer

Sie können versuchen, die Anschaffung und Ausbildungskosten des Hundes in Ihrer Einkommensteuererklärung als Hilfsmittel unter dem Punkt „außergewöhnliche Belastungen" geltend zu machen. Damit sich diese Hilfsmittel in Ihrer Steuererklärung überhaupt ertragsschmälernd auswirken, müssen die Kosten einen bestimmten Prozentsatz von Ihren Einkünften überschreiten – und damit unzumutbar hoch werden. Nächste Voraussetzung ist ein ärztliches Attest, welches diese Maßnahme empfiehlt und natürlich die entsprechenden Belege der Kosten. Die letzte Hürde ist dann die Anerkennung durch das Finanzamt. Es prüft, ob diese Kosten überhaupt zwangsläufig sind, in der Beweislast ist der Steuerzahler. Zusammenfassend: Die Chance auf eine Anerkennung ist relativ gering, der Aufwand recht hoch, aber einen Versuch ist es dennoch immer wieder wert.

Österreich

Laut Erlass des Bundesministeriums für Arbeit, Soziales und Konsumentenschutz vom 20. März 2008 bzw. lt. § 42 Bundesbehindertengesetzt (BBG) werden Diabetikerwarnhunde im Behindertenpass mit einem Zusatzeintrag wie folgt eingetragen: Der Inhaber/die Inhaberin des Passes besitzt einen Signalhund zur Hilfe bei behinderungsbedingten Einschränkungen.

Im Allgemeinen gelten für alle Assistenzhunde die gleichen Rechte wie für Blindenführhunde, wenn auch nicht in gleichem Maße gesetzlich verankert: Öffentliche Gebäude wie Amtsgebäude, Kino, Theater oder Kirchen können betreten werden, ebenso wie alle Geschäfte inklusive Lebensmittelhandel.

Die ÖBB (Österreichische Bundesbahn) und die Westbahn gestatten freie Fahrt für den Assistenzhund ohne Maulkorb in ihren Zügen (innerhalb Österreichs). In vielen österreichischen Gemeinden sind Besitzer von Assistenzhunden nach einem entsprechenden Nachweis von der Zahlung der Hundesteuer freigestellt.

Schweiz

Zutrittsrechte von Assistenzhunden sind in der Schweiz bislang gesetzlich noch nicht geregelt. Im Allgemeinen gilt das Hausrecht.

Hobbys für Warnhunde

Wie eingangs besprochen, müssen Sie als Teamchef stets dafür Sorge tragen, dass Ihr Diabetikerwarnhund „ausbalanciert" ist. Hier einige Tipps, welche Hobbys die Aufgabe zum Warnhund ergänzen und richtig Spaß machen.

Golden und Labrador Retriever stellen das Gros der Servicehunde – geboren sind diese Hunde für den „Retrieve", das Apportieren geschossenen Niederwildes auf der Jagd. Selbst wenn Sie im Besitz eines Jagdscheins wären, Sie können schlecht in der Mittagspause auf der Brachfläche im Industriegebiet einige Enten schießen. Was Sie hier jedoch hervorragend können, ist, Ihrem Hund einige Dummys zu werfen. Ein Dummy ist ein Stoffsäckchen, das Standarddummy mit einem Gewicht von 500 Gramm, welches geschossenes Wild ersetzt. Der Retriever kann es suchen, tragen, bringen, sich die Fallstelle merken, Sie können die Dummyarbeit genau so dosieren, dass sie den Tag Ihres Hundes „rund" macht. Von Kopfarbeit bis zu rasanten Aufgaben mit viel Körpereinsatz. Langweilig muss es nie werden, da Sie stets neue Aufgabenstellungen kreieren können[51]. Während Sie mit der Dummyarbeit nahezu immer und überall, alleine oder in einer Gruppe Spaß haben können, geht eine weitere hochinteressante Aufgabe nur zusammen mit anderen:

Mantrailing! Diese Arbeit mit dem Hund ist wie gemacht für Diabetikerwarnhunde, der Hund sucht eine versteckte Person mit Hilfe einer „schwebenden" Spur aus Individualgeruch, trifft Entscheidungen und hat dazu noch die körperliche Herausforderung. Haben Sie Bedenken, dass eine andere Aufgabe mit menschlichem Geruch den Hund durcheinanderbringen könnte? Diese sind nicht begründet – Hunde leben ohnehin in einer Welt voller Gerüche, egal ob wir sie dazu einladen oder nicht. Im Gegenteil: Die Beschäftigung der Materie wird Ihrem Hund nicht schaden, sondern er wird von der Erfahrung in einem anderen Bereich profitieren. Wie ein begabtes Kind, das zusätzlich zur Geige noch Klavier lernt, nicht schlechter Geige spielt, sondern sich musikalisch weiterentwickelt.

51 Das Standardwerk für jeden, der sich mit Dummyarbeit beschäftigt: Die Kosmos Retrieverschule

Mantrailing – ein Hobby, das Sie und Ihren Hund geistig und körperlich fordert und großen Spaß macht.

Vielleicht muss es auch gar nicht so aufregend und hochorganisiert sein. Begleitet Ihr Hund Sie täglich in die Innenstadt, hat er viele Eindrücke und muss nur regelmäßig „den Kopf frei bekommen". Dann genießen Sie sicher beide einen entspannten Waldspaziergang, der je nach Tagesereignis mit kleinen kniffligen Suchaufgaben aufgepeppt wird. Oder Sie halten auf dem Nachhauseweg an einem See – ausgerüstet mit einer Tüte schwimmender Leckerchen.

Schwimmen und Leckerchen suchen – das macht nicht nur einem Labrador Spaß.

Wofür Sie sich auch immer entscheiden: Die Beschäftigung soll zwar den Bedürfnissen Ihres Hundes Rechnung tragen und Ausgleich zur Aufgabe bieten, wichtig ist aber auch, dass das Hobby Ihnen beiden Spaß macht. So können die tollen Erfolge und schönen Erfahrungen Sie beide als Team stärken und die Warnaufgabe positiv beeinflussen. Das Einzige, was Sie beachten sollten, ist, ob das gemeinsame Hobby Ihren Hund so auspowert, dass er über viele Stunden seiner Warnaufgabe nicht mehr nachgehen kann, aber, wenn das für Sie in Ordnung ist, steht auch einem aufreibenden Hobby nichts im Wege.

Häufig gestellte Fragen

Muss ich mit einem Diabetikerwarnhund weiterhin den Blutzucker messen?

Selbstverständlich. Als oberstes Gebot gilt: Der Diabetikerwarnhund ersetzt keine Blutzuckermessung oder Selbstwahrnehmung. Er stellt keinen Schutz dar, noch übernimmt er Verantwortung. Der Hund gibt lediglich einen Hinweis, er dient als zusätzlich kombinierbares Hilfsmittel.

Darf der Hund in meinem Bett schlafen?

Dies ist natürlich ganz Ihre Entscheidung. Eine Besonderheit wollen wir Ihnen zu diesem Thema jedoch nicht vorenthalten. Beschließen Sie an einem Tag, dass der Hund nicht mehr auf die Couch soll, können Sie dies umsetzen, indem Sie den Hund immer wieder konsequent nach unten schicken. Jedes Mal wenn er hochklettert. In Ihrer Abwesenheit verschließen Sie das Wohnzimmer und von Stund an hat der Hund auch in Ihrer Abwesenheit keine Möglichkeit mehr, auf dem Sofa zu relaxen. Mit dem Bett ist die Sachlage etwas anders. Hier muss der Hund nur abwarten, bis Sie tief und fest eingeschlafen sind, schon kann er ins Bett klettern und sich gemütlich seufzend einkuscheln. Verboten ist das sicher nicht, denn sonst würden Sie ihn ja korrigieren. Überlegen Sie sich daher also lieber im Vorfeld, ob Sie immer Ihren Hund mit im Bett haben möchten oder nicht.

Wie oft und wie lange sollten Sie trainieren?

Natürlich können wir Ihnen und Ihrem Hund keinen Trainingsplan schreiben. Das Wichtigste ist jedoch in einem Satz erklärt: Üben Sie stets in vielen kleinen Schritten. Mit „Minutentraining“ kommen Sie viel schneller ans Ziel als mit eingeplanten „Trainingsstunden“, in denen sich der Hund ohnehin nur über eine kurze Zeitspanne konzentrieren kann. Wenn Sie sich vornehmen, jeden Tag nur zehn Minuten für Ihr Spezialtraining zu reservieren, ist das ein Zeitraum, den Sie leicht einplanen können. Der Hund soll stets das Gefühl haben, „Ach Mensch, schon vorbei, hoffentlich trainieren wir bald wieder!“ Haben Sie mal drei, oder vier Tage keine Zeit, ist das eben so. Der Hund wird umso motivierter bei der Sache sein, wenn es wieder weitergeht.

Darf der Hund mit anderen Hunden spielen?

Ja, natürlich. Sie werden spätestens auf Ihren Spaziergängen viele Hundebekanntschaften machen, mit denen Ihr Hund über die Wiesen tobt. Vielleicht ist es auch nur der Nachbarshund, der alle paar Tage zum Spielen vorbeischaut.

Darf ich noch andere Tiere neben dem Hund haben?

Grundsätzlich spricht überhaupt nichts dagegen. Zieht Ihr Hund als Welpe zu Ihnen, wird es sicher kaum Probleme mit Katze, Hase und Co. geben. Entscheiden Sie sich für ein älteres Exemplar oder kommen Katze, Hase und Co. später erst dazu, sollten Sie diese erst vorsichtig aneinander gewöhnen (Treppengitter für ersten Sichtkontakt etc.).

Meldet der Hund den Unterzucker auch bei anderen Personen?

Unser persönlicher Diabetikerwarnhund erkennt Unter- wie auch Überzucker bei anderen Personen ziemlich problemlos. Ob Ihr Hund dies auch meldet, hängt davon ab, wie sehr er den Geruch mit anschließender Anzeige mittlerweile nur mit Ihrer Person oder Ihrem Kind verknüpft. Vielleicht hat er auch bereits unbemerkt schon einmal „angefragt“, ob er auch bei ihm fremden Personen melden soll und Sie haben den Hinweis übersehen, weil Sie sich unmittelbar vorher selbst gemessen hatten und daher nicht auf eine eventuelle Anzeige vorbereitet waren.

Wie lange kann der Hund für mich arbeiten?

Er wird solange für Sie arbeiten können, wie er ein gesunder, motivierter, kräftiger Hund ist. Aber auch Hunde kommen ins Rentenalter, je nach Rasse und Veranlagung oder Krankheit zu einem anderen Zeitpunkt. Sollten Sie merken, dass Ihr Hund altersbedingt nicht mehr die nötige Freude, Motivation und Kraft hat, wird die Arbeitsleistung nachlassen.

Darf der Hund mein Schulbrot essen oder vom Tisch gefüttert werden?

Ja, wenn er eine Top-Anzeige hingelegt hat und Sie ihn in der Eile ganz besonders belohnen wollen, tut es auch mal ein Schulbrot oder ein Stück Wurst vom Tisch. Manche Nahrungsmittel wirken beim Hund toxisch, wie zum Beispiel Schokolade. Sind Sie sich nicht sicher, informieren Sie sich lieber im Internet.

Was ist der Unterschied zwischen Selbst-, Block-, Fremd- und Dualausbildung?

Eine Selbstausbildung absolvieren Sie tatsächlich alleine oder im wöchentlichen Einzeltraining mit einem Trainer. Blockausbildung wird meistens bezeichnet, wenn die Ausbildung in Wochenendblöcken über mehrere Monate stattfindet. In einer Fremdausbildung lebt der Hund bei einem Trainer, der diesen auch komplett ausbildet und quasi schlüsselfertig abgibt. Arbeitet der Hund nicht nur als Diabetikerwarnhund, sondern auch Autismus- oder Behindertenbegleithund etc., wird dies in einer Dualausbildung erlernt.

Schlusswort

Am Ende dieses Buches ist es Zeit, Danke zu sagen. Zunächst Ihnen, lieber Leser, danke für Ihre Zeit und Aufmerksamkeit. Wir hoffen sehr, dass wir mit diesem Buch einen Beitrag leisten konnten, das Thema Diabetikerwarnhund transparenter und zugänglicher zu machen. Ein großer Dank geht auch an unsere Familien und Freunde, die natürlicherweise von der Arbeit über und mit dem Buch strapaziert wurden. Ein herzliches Dankeschön an unsere beiden Vorwortschreiber, Dr. Rainer Ehmann und Walter Kinach. Ein großer Dank für fachliche Unterstützung geht an Barbara Mc Clure, Anja Hanauer, Janos Reiberg, Martina Lipowsky, die davon nichts ahnt, aber ohne deren hervorragende Arbeit im Bereich Mantrailing dieses Buch nie zustande gekommen wäre und ganz besonders nochmals an Elke Hilsberg, die für uns und unsere Fragen aus allen Bereichen immer ein offenes Ohr und sehr viel Geduld hatte. Frau Gisela Rau danken wir an dieser Stelle als Verlagsleitung des Kynos Verlages dafür, dass Sie sich für dieses Thema entschieden hat und ganz besonders für ihr Lektorat: Sie hat dieses Buch zeitgleich als professionelle Hundespezialistin und mit dem Blick des hundeunerfahrenen Laien unter die Lupe genommen. Ebenso danken wir sehr herzlich dem Verein Beschützerinstinkte e.V. im Besonderen für die Finanzierung der Diabeteswarnhündin Vicky und im Allgemeinen für sein Engagement im Bereich Diabetikerwarnhunde. Auch können wir unseren Klienten nicht genug danken für das uns entgegengebrachte Vertrauen und die damit einhergehende Möglichkeit, stets dazu zu lernen. Unser letztes Dankeschön geht an die Hunde: Die, die mit uns gelebt haben, die, die jetzt unser Leben teilen und die, die es in Zukunft bereichern werden. Die uns Ihre Sinne zur Verfügung stellen, uns mit einem riesigen Vertrauensvorschuss begegnen und uns einladen in ihre Welt voller Lebensfreude. Danke!

Materialsammlung

Etiketten für das Erstellen von Geruchsträgern

Geruchsprobe vom __.__.____ Uhrzeit ___.___ Uhr

BZ _____

Letzte Mahlzeit _____ Uhr Letzte Bolus-Insulingabe _____ Uhr

Anmerkung (z.B. während Schlaf, nach körperl. Anstrengung, etc):

____

✂- -

Geruchsprobe vom __.__.____ Uhrzeit ___.___ Uhr

BZ _____

Letzte Mahlzeit _____ Uhr Letzte Bolus-Insulingabe _____ Uhr

Anmerkung (z.B. während Schlaf, nach körperl. Anstrengung, etc):

____

✂- -

Geruchsprobe vom __.__.____ Uhrzeit ___.___ Uhr

BZ _____

Letzte Mahlzeit _____ Uhr Letzte Bolus-Insulingabe _____ Uhr

Anmerkung (z.B. während Schlaf, nach körperl. Anstrengung, etc):

____

✂- -

Geruchsprobe vom __.__.____ Uhrzeit ___.___ Uhr

BZ _____

Letzte Mahlzeit _____ Uhr Letzte Bolus-Insulingabe _____ Uhr

Anmerkung (z.B. während Schlaf, nach körperl. Anstrengung, etc):

____

Zielbeschreibung für die Ausbildung von Diabetikerwarnhund Fiffi

Stand: 01.01.2013
Hundeführer und Assistenznehmer: Maria Mustermann

Zielsetzung:
Fiffi zeigt eine Unterzuckerung bei Maria (Hypoglykämie mit Werten unter 80) sowie eine Hyperglykämie mit Werten über 200 unaufgefordert und zuverlässig an. Die Anzeige erfolgt durch Apport der Tasche mit Messgerät. Findet er zu hause an immer gleichem, für ihn leicht zugänglichen Platz, unterwegs „klettert" er an Maria hoch, damit sie das Messgerät aus dem Rucksack holt. Ist das Messgerät für den Hund nicht erreichbar, oder erfolgt nach Apport keine Bestätigung, bellt Fiffi bei Maria (rückt gegebenenfalls nach) und schlägt so lange an, bis die Bestätigung erfolgt.

Einzelne Aufgabenstellungen:
1.) Fiffi unterscheidet normale und hypo- bzw. hyperglykämische Werte im Individualgeruch
2.) Der Hund verinnerlicht, dass, befindet er sich in der Nähe von Maria, er jederzeit die Gelegenheit bekommen kann, sich über eine korrekte Anzeige eine Bestätigung zu verdienen
3.) Der Hund sucht eigenständig bewusst die Nähe von Maria
4.) Die Motivation hinter der Anzeige ist so hoch aufgebaut, dass zum einen alle andere Aktivitäten durch den Hund sofort abgebrochen werden, zum anderen die sekundäre Anzeige (Bellen) so lange ausgeführt wird, bis die Bestätigung erfolgt.

Methoden:
Werden individuell festgelegt

Angestrebter Zeitrahmen:
Wird individuell festgelegt und ist stark von Alter, Motivation des Hundes und Abstimmung des Teams abhängig. Die erste Arbeit mit Geruchsträgern erfolgt mit UZ-Werten, meist folgen reale UZ Anzeige rasch, erst viel später spontane ÜZ Anzeigen.

Sitzen die Basics, können schwierige Situationen trainiert werden:
- Anzeige in Abwesenheit von HF
- Anzeige an besonderen Orten, in Gegenwart von fremden Hunden
- „Hinterfragen" durch HF (Abruf, nicht ernst nehmen der Anzeige)
- Anzeige nachts
- Anzeige während AN sich fortbewegt.
- Anzeige mit doppelter Schwierigkeit, z.B.: Anzeige bei Fremdperson und an besonderem Ort

Anzeigeprotokoll Muster

Protokoll für Diabetikerwarnhund: Tippolinus Assistenznehmer: Musterkind Hundeführer: Mustermann

Nr.: 31 Datum: 05.05.2014 Uhrzeit: 09.00 Ort/ Situation: zu Hause/Frühstück

anwesende Personen (andere Hunde):

Großmutter

Bemerkungen:

Tippolinus kam in die Küche, schnupperte, setzte sich neben das Kind und bellte.

☒ Korrekte Anzeige

☐ Anzeige ausgelöst durch Geruchsträger, vom _________, Wert: ____, Wartezeit: _______

☒ Anzeige ausgelöst durch realen UZ/ÜZ Wert: 68

☒ Anzeigeverhalten wie trainiert

☐ Anzeigeverhalten abweichend: ____

____

____

Bestätigt durch:

Naturjoghurt

☐ Fehlanzeige

☐ Anzeige überprüft: Wert: ____, (Passivzone derzeit: ___________)

☐ Anzeigeverhalten wie trainiert

☐ Anzeigeverhalten abweichend (bzw.: Als Anzeige wurde folgendes Verhalten interpretiert)

____

____

____

Bestätigt durch: ____

____

☐ Ausgebliebene Anzeige bei gemessenem Wert von _____________

Bemerkung: ____

____

____

____

+ Hundenatur + Hauptstraße 41 + 91726 Gerolfingen + info@hundenatur.de + www.hundenatur.de +

Anzeigeprotokoll

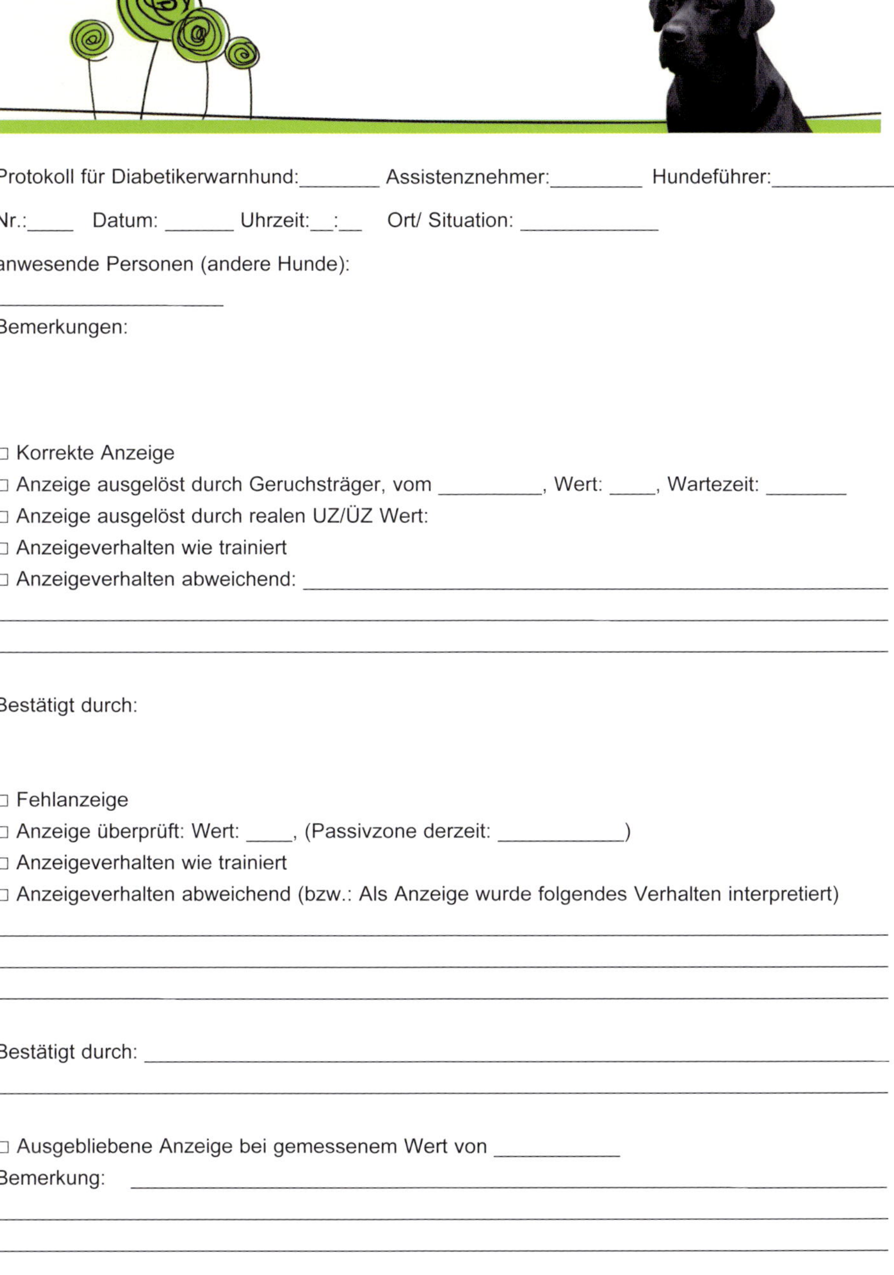

Protokoll für Diabetikerwarnhund:_______ Assistenznehmer:________ Hundeführer:___________

Nr.:____ Datum: ______ Uhrzeit:__:__ Ort/ Situation: ____________

anwesende Personen (andere Hunde):

____

Bemerkungen:

□ Korrekte Anzeige

□ Anzeige ausgelöst durch Geruchsträger, vom _________, Wert: ____, Wartezeit: _______

□ Anzeige ausgelöst durch realen UZ/ÜZ Wert:

□ Anzeigeverhalten wie trainiert

□ Anzeigeverhalten abweichend: ____

____

____

Bestätigt durch:

□ Fehlanzeige

□ Anzeige überprüft: Wert: ____, (Passivzone derzeit: ___________)

□ Anzeigeverhalten wie trainiert

□ Anzeigeverhalten abweichend (bzw.: Als Anzeige wurde folgendes Verhalten interpretiert)

____

____

____

Bestätigt durch: ____

____

□ Ausgebliebene Anzeige bei gemessenem Wert von ___________

Bemerkung: ____

____

____

____

+ Hundenatur + Hauptstraße 41 + 91726 Gerolfingen + info@hundenatur.de + www.hundenatur.de +

Trainingsprotokoll Muster

Trainingsprotokoll für Diabetikerwarnhunde

Datum: 25.09.14 ☒ zuhause

Uhrzeit: 16:30 ☐ anderer Ort: ______

Themen:

☐ Clickertraining	☐ Differenzierung	☒ Geruchsdifferenzierung
☐ Anzeigetraining UZ	☐ Anzeigetraining ÜZ	☐ Suche von Geruchsträgern
☐ Bindungsarbeit	☐ Apportiertraining	☐ ______
☐ Umwelttraining	☐ SOS-Verweisen	☐ ______
☒ Critter	☐ ______	☐ ______

Trainiert hat:

Max

Zusammenfassung:

Unterscheidung von Werten aus der Passivzone und schnell erreichtem UZ (58).
Unabhängig davon: Lernt Bellen durch Critter

Was ist für die nächsten Einheiten besonders wichtig?

Zufälliges Bellen im Alltag bestätigen
In der nächsten Einheit mit Bellen starten

Heute war besonders gut:

sichere Unterscheidung von Anzeigebereich und Passivzone

Trainingsprotokoll

Trainingsprotokoll für Diabetikerwarnhunde

Datum: ___________ ☐ zuhause

Uhrzeit: ___________ ☐ anderer Ort:__________________

Themen:

☐ Clickertraining ☐ Differenzierung ☐ Geruchsdifferenzierung

☐ Anzeigetraining UZ ☐ Anzeigetraining ÜZ ☐ Suche von Geruchsträgern

☐ Bindungsarbeit ☐ Apportiertraining ☐ ______________________

☐ Umwelttraining ☐ SOS-Verweisen ☐ ______________________

☐ ______________ ☐ ______________ ☐ ______________________

Trainiert hat:

____

Zusammenfassung:

____

____

____

____

____

____

____

Was ist für die nächsten Einheiten besonders wichtig?

____

____

____

____

____

____

Heute war besonders gut:

____

____

____

____

____

____

Umrechnungstabelle

mg/dl -> mmol/l		mg/dl -> mmol/l		mmol/l -> mg/dl		mmol/l -> mg/dl	
40	2,2	150	8,3	2,0	36	10,5	189
45	2,5	160	8,9	2,5	45	11,0	198
50	2,8	170	9,4	3,0	54	11,5	207
55	3,1	180	10,0	3,5	63	12,0	216
60	3,3	190	10,5	4,0	72	12,5	225
65	3,6	200	11,1	4,5	81	13,0	234
70	3,9	220	12,2	5,0	90	13,5	243
75	4,2	240	13,3	5,5	99	14,0	252
80	4,4	260	14,4	6,0	108	14,5	261
85	4,7	280	15,5	6,5	117	15,0	270
90	5,0	300	16,7	7,0	126	16,0	288
95	5,3	320	17,8	7,5	135	17,0	306
100	5,6	340	18,9	8,0	144	18,0	324
110	6,1	360	20,0	8,5	153	19,0	342
120	6,7	380	21,1	9,0	162	20,0	360
130	7,2	400	22,2	9,5	171	21,0	378
140	7,8			10,0	180		

Kompetenzprofil Muster

Individuelles Kompetenzprofil für Diabetikerwarnhund Tippolinus, Stand 1.1.2014, 3.3.2014, 5.5.2014

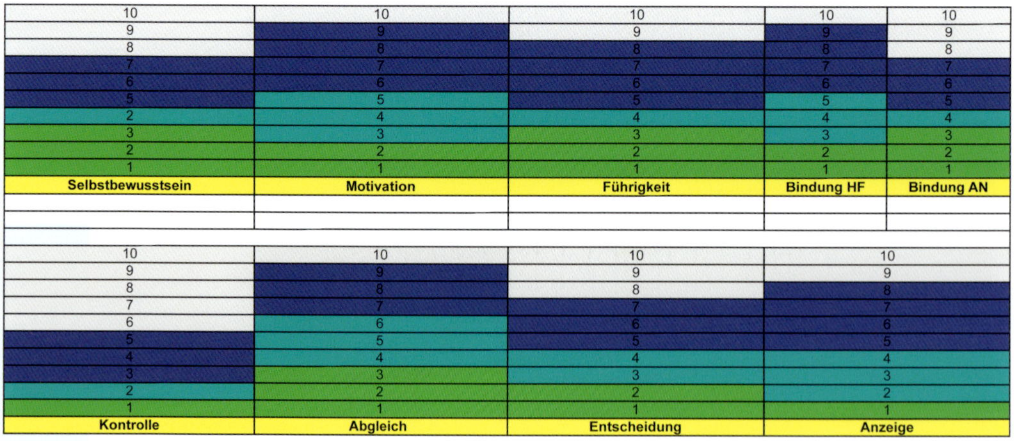

Selbstbewusstsein	Motivation	Führigkeit	Bindung HF	Bindung AN
10	10	10	10	10
9	9	9	9	9
8	8	8	8	8
7	7	7	7	7
6	6	6	6	6
5	5	5	5	5
2	4	4	4	4
3	3	3	3	3
2	2	2	2	2
1	1	1	1	1

Kontrolle	Abgleich	Entscheidung	Anzeige
10	10	10	10
9	9	9	9
8	8	8	8
7	7	7	7
6	6	6	6
5	5	5	5
4	4	4	4
3	3	3	3
2	2	2	2
1	1	1	1

Individuelles Kompetenzprofil

10	10	10	10	10
9	9	9	9	9
8	8	8	8	8
7	7	7	7	7
6	6	6	6	6
5	5	5	5	5
2	4	4	4	4
3	3	3	3	3
2	2	2	2	2
1	1	1	1	1
Selbstbewusstsein	**Motivation**	**Führigkeit**	**Bindung HF**	**Bindung AN**

10	10	10	10
9	9	9	9
8	8	8	8
7	7	7	7
6	6	6	6
5	5	5	5
4	4	4	4
3	3	3	3
2	2	2	2
1	1	1	1
Kontrolle	**Abgleich**	**Entscheidung**	**Anzeige**

Index

Bildnachweis:

Seite	Fotograf	Abgebildeter Hund
9, 12	Privat	
11	Privat	Aileen, Schnauzerhündin
17, 39, 111, 116, 164	Viktoria Körner	Pika – Franconian Que Sera
18	Lilly Deutschland GmbH	
23	Nicole Böll-Bartetzko	Asha – Wikvaya Asha
27	Viktoria Körner	Tara, o.P.
29, 132, 173	Corinna Resch	Eggi – Far out little Jazzman of Sunny Mountains
38	Regina Wagner	Xenia – Schnauzermix
41	Andreas Häckel	Drei Hunde im Kennel Limetrees Golden
42	Ulrike Stahl	Give me just a smile, Could it be magic und Belly Button of Creme Puff
42	Andreas Häckel	Käthe – Werdandi Quid est Käthe, Abeni – Abeni vom Heiligen Meer, Luise – Werdandi Send Luise
42	Tjotte	Bruno – Travellins Bull Rider
45	Nina Grosser	Holly – Muddyfields Dancer
45	Nina Grosser	Holly und Livia – Muddyfields Livia
45	Marita Druschel	Enya – Be Lady of Storck Highlands
49	Elke Hilsberg	Bubble – Travellins Bubble Breaker
50	Tjotte	Tjotte´s Broken Arrow, Tjotte´s New Years Cheers, Tjotte´s Lover Under Cover, Tjotte´s Fat N´Famous
51	Tjotte	Labrador Retriever im schwedischen Kennel Tjotte´s
52	Viktoria Körner	Tomtom – Tjotte´s Son O´A Bubble, Zoccola – Franconian Zoccola
57 - 59	Foto: Viktoria Körner/Grafik Elke Hilsberg	
67	Tjotte	Lilly – Flecke von Wildenstein, Kira, o.P.
67, 172	Nina Grosser	Tomtom – Tjotte´s Son O´A Bubble
68	Tjotte	Tomtom – Tjotte´s Son O´A Bubble
69-76	Elke Hilsberg	Toffie – Summer Kiss of Storck Highlands
77, 117, 118, 123, 138 - 140, 149	Viktoria Körner	Vicky – Nicky of Bacardi Goldens
78	Nina Grosser	Zoccola, Bolly – Travellins Bollywood Beauty, Leo – Travellins Block Buster und Tomtom
82	Elke Hilsberg	Mathilda – Travellins Buzzy Lizzy
83-106, 112 - 115, 147, 159, 187	Viktoria Körner	
110, 148	Nicole Böll-Bartetzko	Luise - Werdandi Send Luise
119	Bea Muthig	
120, 121, 133	Viktoria Körner	Lupo, o.P.
124	Viktoria Körner	Tomtom – Tjotte´s Son O´A Bubble
126 - 128	Viktoria Körner	Deacon – Tjotte´s I´m All In
130	Andreas Häckel	
131	Nina Grosser	Vicky – Nicky of Bacard Goldens
136, 137	Viktoria Körner	Zoccola – Franconian Zoccola
145	Ilona Brandstetter	
146	Nina Grosser	Leo – Travellins Block Buster
148	Andreas Häckel	Lotta – TQ Karlotta Savannah
163	Nina Grosser	Eggi – Far out little Jazzman of Sunny Mountains
171	Anna Paul	Falk – Franconian Wizard of Ozz

Tippolinus-Grafiken: Heidi Frank

Elke Hilsberg